그림
여행을
권함

그림
여행을
권함

김한민

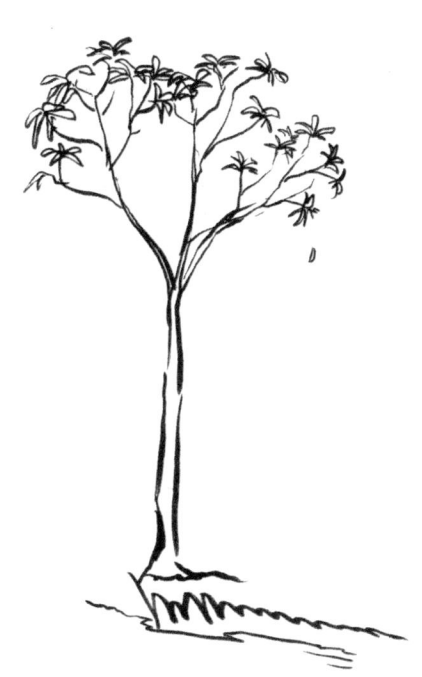

민음사

이 책의 16~25페이지를 그린 분께 바칩니다.

차례

나의 아바타들
+
조연들

밀리
98년에 탄생. 대학생 때까지 사용

우리의 여행 동반자들. 첫 번째는 '밀리'이다. 대학교 1학년 때 처음 만든 나의 아바타이다. 어감이 귀여워 지은 이름인데, 우연히 구글 검색을 해 보니 동명의 포르노 배우들이 줄줄이 뜨는 바람에 한 번 놀라고, 남미에 가서는 스페인어로 'Milagros(기적)'라는 여자 이름의 줄임말이란 걸 알고 두 번 놀랐다. 이름을 바꿀까 고민 끝에 빽빽할 밀密에 이치 리理라는 심오한 한자 풀이를 따로 붙여 주기로 했다. 불테리어bull terrier를 본뜬 얼굴이지만 나의 다른 캐릭터들이 그렇듯, 종을 분명히 식별할 수 없는, 개와 당나귀와 소를 뒤섞어 놓은 외모이다.

그러다가 대학을 졸업할 때쯤 인간의 형상을 한 아바타가 필요해졌다. 귀엽고 재밌는 그림보다는 진지한 것이 그리고 싶어졌기 때문. 그렇게 탄생한 '무이'는 나의 그림 소설 『혜성을 닮은 방』의 주인공이다. 나와 내 동생을 반씩 섞어 놓은 조용하고 예민한 캐릭터로 사지가 멀쩡한 인간의 척도로 그려졌기 때문에 분위기를 희화화하지 않으면서 화면에 자연스럽게 스며드는 장점이 있다. 나의 아바타들은 모두 잘 웃지 않는 게 특징인데, 이것이 나의 실생활을 반영하는 건 아니라는 말을 일러두고 싶다.

무이
졸업 후 지금까지 쭉

가령 머리를 오랫동안 감지 못해 후줄근한 모습을 있는 그대로 그리고 싶을 때, 나는 '실사' 아바타를 활용한다. 이 녀석을 그리고 있으면 다소 '정돈된' 무이보다 더 솔직해지는 기분이 들고, 감정 표현도 풍부해지는 것 같다. 한마디로 나는 그때그때 기분에 따라 세 아바타 중 하나를 골라 쓴다.

'형'의 경우는 미간을 찌푸리느냐 아니냐에만 주목하면 된다. 형은 딱 2가지 모드밖에 없는 신기한 캐릭터이기 때문이다. '누나'는 항상 눈을 크게 뜨고 있는 캥거루로 어깨가 넓고 근육이 발달했기 때문에 토끼와 혼동해서는 안 된다. 더불어 등장하는 '어머니' 캐릭터는 뒤에서 소개하기로 한다.

실사
가끔 기분 내킬 때 그림

형
영국, 독일 여행 동반자

누나
프랑스, 이탈리아 여행 동반자

그림 여행을 권함

  나에게 그림 여행이란, 대가들의 명화를 찾아다니는 미술관 투어가 아니다. 하잘
것없어 보이는 낙서라도 직접 끼적이며 다니는 여행, 그림을 그리면서 긴장을 풀고
숨을 고르는 여행, 여행 중 어느 날엔가는 과감히 사진기를 숙소에 팽개치고 포켓용
스케치북과 연필만 주머니에 찔러 넣고 홀연히 문을 나서는 여행…… 이런 것들을
나는 그림 여행이라 부른다. 가끔 사람들에게 그림 여행을 권해 보면 돌아오는 반응
이 한결같다.

  '난 그림 못 그려.', '귀찮아.', '사진기가 있는데 왜 굳이……?'

  하지만 조금만 더 얘기를 나눠 보면 그렇게 말했던 사람들도 사실은 과거에 그림
을 좋아했으며, 어떤 방식으로든 다시 그림과 친해지고 싶은 열망을 가지고 있음을
발견하고 놀라곤 한다. 뭐가 잘못된 걸까? 누가 이들을 그림과 담 쌓도록 만들었단
말인가? 이들과의 대화를 떠올리며 지금 이 책을 쓴다.

  그림을 잘 그리는 방법에 관해서라면 난 별로 할 말이 없다. 그림은 누가 가르쳐
준다기보다 스스로 즐기는 법을 터득하는 것뿐이기 때문이다. 마치 여행처럼 말이
다. 그러나 그림을 못 그리도록 막는 장애물들에 관해서라면 할 말이 아주 많다. 손
을 쓰는 인류에게 주어진 이 엄청난 특권을, 그 누구도 박탈당해선 안 된다고 믿기
때문이다. 마치 여행의 권리처럼 말이다. 그러나 불행히도 이 특권은 너무나 광범위
하게 망각되었다.

가장 기본적인 물음에서 시작해 보자. 그림이란 뭘까? 그림은 명사이기도 하지만, 그 자체로 동사이기도 한 말이다. 나는 이런 구조의 말들이 좋다. 꿈을 꿈. 삶을 삶. 그림을 그림. 이런 말들에는 결과와 과정을 동등하게 중시하는 뜻이 읽힌다. 이런 의미에서, 그림이라고 하면 대개 종이에 남는 결과물을 먼저 떠올리겠지만 나에게 훨씬 더 중요한 것은 그림을 그리는 행동, 더 자세히 말해 그리는 사람 속에서 일어나는 시간의 변화이다. 자동차로 말하자면 기어 변환을 하듯, 그림을 그리는 동안 사람은 다른 시간 속을 걷게 된다. 이 변화를 경험하는 과정이 종이에 그럴싸한 무엇을 남기는 결과보다 중요하다. 그래서 누군가 '그림이 그리고 싶어졌어요.'라고 말하면 나는 '아, 이 사람은 지금 다른 시간을 필요로 하는구나.'라고 받아들인다.

그림 그리는 시간이 고도의 집중 상태냐면 꼭 그런 것도 아니다. 집중도 비집중도 아닌 아주 희한한 상태이다. 내가 만화 『드래곤볼』의 한 장면을 인용해 "정신과 시간의 방에 다녀왔다."라고 표현하곤 하는 이 경험을 수도 없이 되풀이하며 나는 중요한 사실을 깨닫게 되었다. 평소와 다른 속도로 진행되는 여행의 시간만큼 그림 그리기에 어울리는 시간도 없구나. 또, 그런 여행의 시간에 그림만큼 어울리는 행동도 없구나. 어쩌면 그래서 화가가 아닌 사람들, 예를 들어 괴테도 헤세도 여행을 하며 그림을 그렸던 건 아닐까.

저녁과 시간의 밤

그림을 그리면 여행이 어떻게 달라질까? 그림은 여행에 재미를 더해 주고, 여행의 기억들을 더 소중하고 풍성하게 만들어 주어 두고두고 펼쳐 보게 할 것이며, 그렇게 펼칠 때마다 미소를 자아내게 해 줄 거라는 등등 이것저것 늘어놓을 수 있으리라. 그러나 아무리 좋은 것도 장점을 열거하기 시작하면 도리어 매력이 반감되는 경향이 있다. 생각해 보면 하루키나 칼비노 같은 소설가들은 한 번도 '글을 권하는 글'을 쓰진 않았지만, 누구보다도 많은 이들을 글쓰기의 세계로 강렬하게 유혹하지 않았던가? 뭐니 뭐니 해도 그림 여행을 권할 가장 좋은 방법은, 그저 '정신과 시간의 방'으로의 초대장을 슬쩍 내미는 것이리라.

잠깐.

나의 이야기를 시작하기에 앞서 다른 사람의 그림 여행기 하나를 보여 주고 싶다.

그림과 관계된 전공도 직업도 가져 본 적이 없는 것은 물론, 일생 동안 한 번도 그림을 배워 본 적이 없는, 한마디로 그림과 전혀 무관하게 오십 평생을 살아온, 그러나 나를 믿고 내 권유를 받아들여 스케치북과 연필을 챙겨 갔으며 마침내 용기를 내 그 연필을 필통에서 꺼내는 데 성공했던 사람. 처음에는 못한다고, 귀찮다고 주저하고 투덜대기도 했지만, 나중에는 '이렇게 그림으로 남기기를 정말 잘했다.'라며 두고두고 내게 고마워하는 한 사람의 이야기이다.

이 여행기를 보면 당신도 솔깃할지 모른다.

Egypt
2010.

시작은 조조를 하다가

여유를 부리며 떠나는 여행보다 없는 시간 쪼개서 빠듯하게 떠나는 여행이 더 많다면 그 바쁜 와중에 여행의 방식에 대해 고민할 사람은 많지 않을 것이다. 어머니가 동창들과 떠난 이집트 여행도 마찬가지였다. 옆에서 지켜보는 내가 정신이 없을 정도로 여러 '바쁘신 분들'의 스케줄과 요구 사항을 조정하여 비행기에 탑승하기까지의 우여곡절은 그 자체만으로도 커다란 이야기 보따리였다. 그러나 그 모든 분주함에도 불구하고 나는 아들의 권리를 이용해 반강제로 그림 여행을 권했다.

어머니는 주저했다. 당연한 반응이었다. 누구나 처음에는 백지 공포증이 있고, 대체 무엇부터 그려야 할지 모른다. 특히 어른의 경우, 이는 지극히 정상적인 현상이다. 그러나 뭐든지 시작이 어려운 법. 나는 어머니께 간단한 아바타를 하나 만들어 스케치북의 첫 장에 그려 드렸다. 보고 따라 그릴 수 있도록.

그림 세계 속에서 '나'는 이 아바타로 표현된다. 아바타를 만드는 가장 쉬운 방법은 좋아하는 동물을 고르는 것이다. 아무 동물이나 좋다. 최대한 단순한 게 좋다. 그래야 그리기 쉽다. 본인과 닮아야 할 필요도 없다. 어차피 몇 번 그리다 보면 자신을 닮아 가게 되어 있다. 그게 그림의 묘미이기도 하다. 조각가 자코메티 Alberto Giacometti 도 "모든 회화에서 나의 흥미를 끄는 것은 유사성"이라는 말을 했지만, 자신의 신체를 거쳐 표현되기 때문에 그 그림이 자기를 닮아 간다는 것은 참으로 신비로운 현상이 아닐 수 없다. 그리고 누가 뭐래도 세상에 유일무이한 나만의 것이 탄생된다는 사실이 멋지지 않은가?

나는 어머니께 무슨 동물인지 나조차 알 수 없는, 양과 개의 중간쯤 되는 얼굴에 파마 머리를 얹은 대단히 간단한 얼굴을 그려 드렸다. 다행히 어머니는 본인의 아바타가 싫지 않은 듯했다.

아바타가 생겼다면 이미 시작이 반인 셈이다. 일단 아무 생각 없이 종이에 그 얼굴을 그리고 보면 되기 때문이다.

색깔도 굳이 여러 가지를 쓸 필요가 없다. 역시 최대한 단순한 게 좋다. 그래야 쓸데없는 고민이 줄어든다. 작은 필통에 연필, 그리고 혹시 심심할까 봐 딱 여섯 가지 색깔의 그림 도구를 넣고, 그 색깔들을 모두 조금씩 칠해 드렸다. 지우개도 필요 없다. 지우개가 있으면 자꾸 고치려 들기 때문에 괜한 스트레스가 생긴다. 정 마음에 안 들면 한 장 북 찢어 버리면 된다. 어쩌면 여러 색깔도 불필요하다. 꼭 쓰고 싶은, 좋아하는 색깔 두세 가지만 챙겨 가거나, 흑백 연필이나 펜만으로 그리는 것도 좋다. 명심하자. 경우의 수가 한정될수록 마음은 편해진다.

그렇게 준비물을 챙겨 주면서도 속으로는 긴가민가했다.

과연 그려 오실까……?

LUXOR. → Mövempick

결과는 놀라웠다.

2.17.

새벽
Catract Resort Hotel
주당간은 야자수나무가
여러개 서 있고, 그 사이에
수영장. 인력으로 만드는 듯한
Hotel의 불빛과 더불어 환상적이다.

피라미드.

인류가 만든 정교한 인공 산!

몇 백만년 위로 최정의 크기는

삼가함의 신비를 어떻게 알아

내았을까.

왼쪽의 앞두경가 틀어고 하여, 만 망껴
끼리의 재정반간더 빗나졀다

30여 년을 함께 살며 잘 안다고 생각했던 어머니에게 이런 소질이 있었다니! 이걸 모르고 지나쳤을 생각을 하면, 이 그림들이 세상에 태어나지 않았을 생각을 하면…… 그저 아찔해질 정도로 귀중한 발견이었다. 내가 그려 주지도 않은 뒷모습까지 잘도 응용해 그려 냈다. 왼쪽의 그림에서도 최소한의 선만 긋고도 참 절묘하게 비행기의 모습을 잡아 냈다. 아래의 당나귀는 물론이고 그 옆 페이지의 이층 침대, 창문, 사다리, 세면대, 그리고 편안한 표정들 역시 세밀한 묘사 없이도, 밤 열차의 분위기를 물씬 전한다.

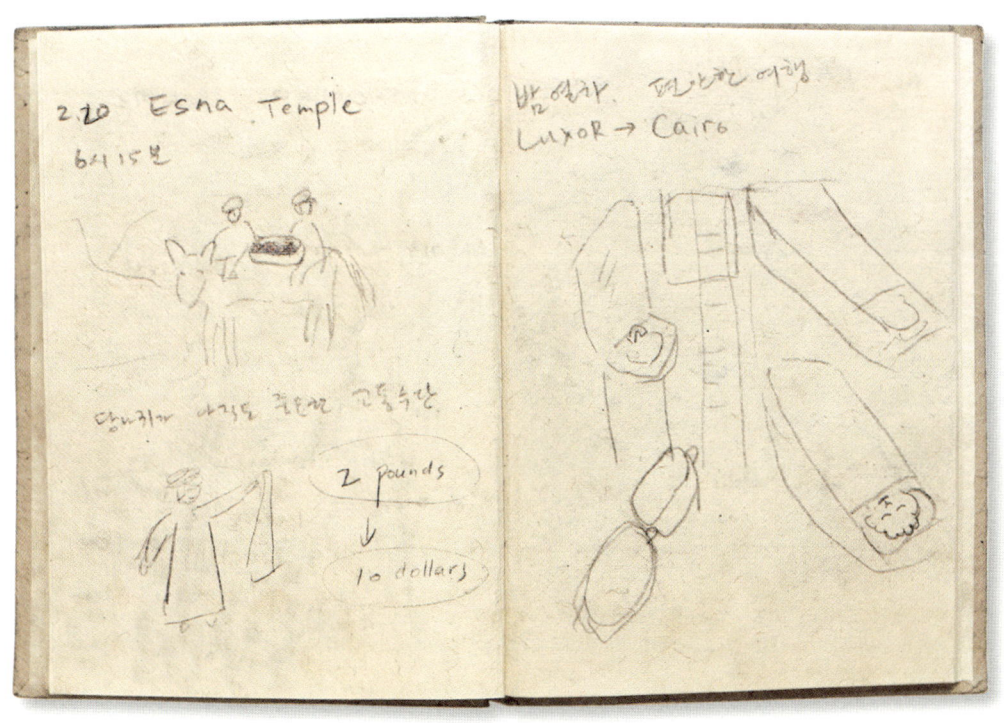

내가 펜으로 그려 준 아바타가 만화적이라면 어머니의 연필 선에서는 회화적인 손맛이 느껴진다. 그리고 매번 느끼는 것이지만, 컴퓨터 자판보다 손 글씨를 쓰는 데 더 익숙했던 세대의 필체에서는 우리가 아주 가끔 쓰는 손 글씨와는 차원이 다른 운치가 배어 나온다.

어머니는 화첩을 빼곡히 채우지도 않았다. 단 11장만 그렸으나 그걸로 충분했다. (뭘 채워야 한다는 강박은 버리자. 재미를 들이면 시키지 않아도 꽉꽉 채우고 싶어지긴 하지만.) 만약 우리 가족의 가보를 선정한다면 이 '이집트 여행기'을 꼽고 싶을 만큼, 나에게 이 화첩은 내가 쓴 어떤 책보다도 큰 자랑거리이다.

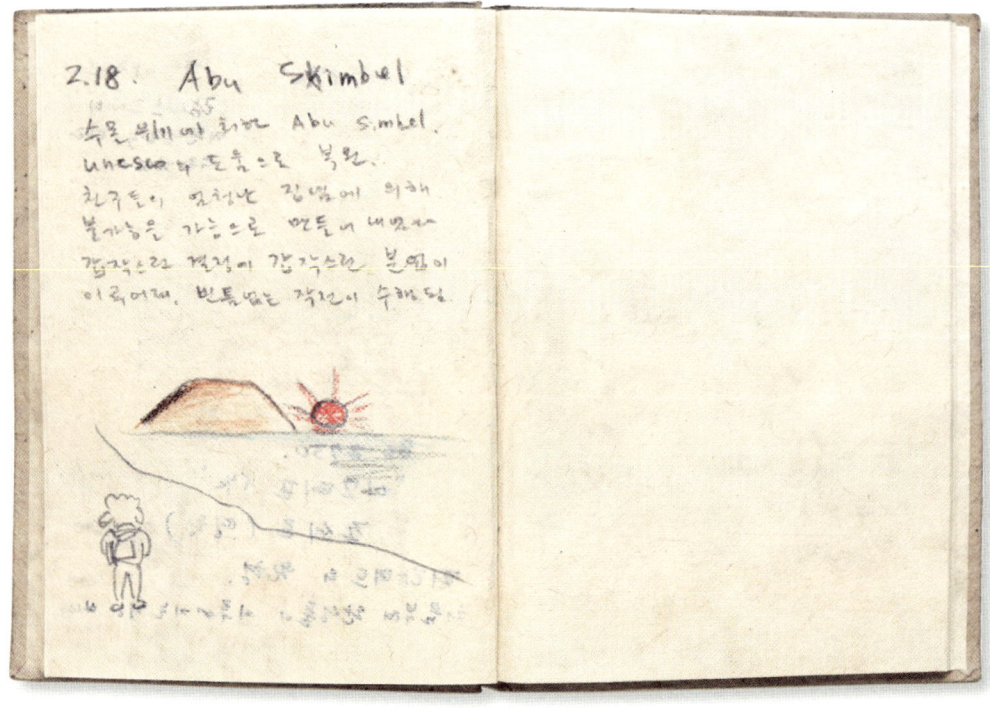

그 후로 나는 이 사람 저 사람에게 그림 여행을 권한다. 혹 내가 거들 것이 있다면, 어머니의 경우처럼 간단한 아바타를 그려 주는 일이 전부다. '일단 아무 생각이 안 나면 아바타의 얼굴부터 그릴 것'이라는 단순한 지침과 함께. 그렇게 여행을 떠나보내며 나는 물론이고 스스로를 놀라게 할 그림들이 탄생하는 순간을, 그 기쁨을 상상해 본다. 결과는 늘 예상한 것 이상이다.

갈때보다 올때는 시간도
많이 기간 가족과 만나는
기쁨에 ... 모르겠다.
여행은 미지의 세계의 새로운
... 동시에 자신과 ...
새로운 발견이기도 하다.

이제 나의 여행으로 초대할 차례다.

부랴부랴

내가 드나들었던 수많은 '정신과 시간의 방들'. 그곳에서 과거의 흔적들을 들출 때마다 놀란다. 내가 이런 사람이었구나! 변한 것도 있고 여전한 것도 있다. 지금은 뭐든지 시큰둥한 내가 여행 하나에 이토록 들뜨기도 했다니. 출국 전날 새벽이 돼서야 짐을 싸는 버릇은 그때나 지금이나 매한가지라니. 모든 것이 그림 속에 냉동 보관되었다. 설렘 그 순간의 온도까지…… 자, 꺼내 보시길.

이제 여행을 가기로 큰 마음을 먹었다면, 드디어 오랫동안 잡아 보지 않았던 연필을 잡아 볼 날도 멀지 않았다. 여기서 놓치지 않았으면 하는 것이 있다. 바로 여행 전의 기분이나 에피소드를 기록하는 일. 어떤 경우엔 떠나기 전의 설렘이 실제 여행보다 더 달콤하기도 하다. 그러니 이 코스를 건너뛰는 것은 애석한 일이다. 단 한 장이라도 좋으니 아무리 바빠도 짬을 내서 기록을 해 보자.

기록의 방식은 어떤 것이라도 좋다. 나는 꼭 여행이 아니라도 뭔가 의미 있는 날에 이런 기록을 남기는 습관이 있다. 매해 1월 1일이 되면 길다란 종이에 '쓰고 싶은 책 목록'이란 것을 만들어 본다. 말도 안 되는 새해 계획이다. 어떻게 한 해 동안 30여 개의 이야기를 쓴단 말인가. 지키지 못할 것을 뻔히 아는 연례 행사지만, 나는 여기에 상당한 의미를 둔다. 왜냐하면, 그냥 너무 재밌기 때문이다! 아무리 나이를 먹고 멋없는 어른이 되어 간다 해도, 새해 첫날에조차 일말의 설렘도 못 느끼는 시큰둥한 아저씨가 되는 것은 참을 수 없는 일이다. 사실, '어차피 계획 따위, 세워 봤자 지켜지지 않는다.'라는 것도 틀린 말이다. 다 지키진 못해도 일부는 지켜진다. 나는 그게 이 목록 덕분이라고 믿는다.

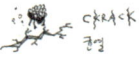
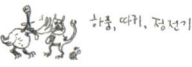
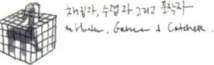
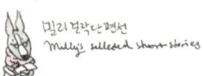
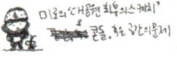

목록 그리기의 또 다른 효과는 내가 나의 꿈 또는 계획을 시각화했다는 점이다. 다단계 회사만큼 시각화의 중요성을 잘 아는 곳도 없다. 이들은 소위 '드림빌딩dream building'이란 것을 한다. 사람들에게 꿈을 상기시키면 놀라운 힘이 발휘된다는 걸 잘 알기 때문이다. 그들은 회원이 된 사람들에게 다음과 같은 특명을 내린다. '자기의 꿈을 크고 두꺼운 도화지에 1, 2, 3, 5, 10년 후로 나누어 표현하라. 반드시 이미지나 사진을 활용하라.' 이러면 대개는 갖고 싶은 냉장고부터 자동차, 집, 세계 여행 명승지 등의 이미지를 잡지에서 오려 붙인다. 그것을 매일 보다 보면 막연한 목표를 세우는 것보다 동기 부여가 훨씬 잘 된다는 것이다.

여기까지는 좋다. 말도 많고 탈도 많은 다단계 회사지만, 사람의 심리를 다루는 일에 관해서라면 이들에게 배울 게 있다고 생각한다. 문제는 그들이 남의 이미지를 그대로 가져다 붙인다는 점이다.

그 사진이 근사한 이미지일 수는 있어도 나의 것은 아니다. 한마디로 남의 꿈을 붙여 놓고 내 꿈이라고 꾸는 격이다. 그런 목표는 쉽게 싫증이 나게 되고, 이룬다 해도 곧 허무해질 수밖에 없다. 나의 꿈이 아니기 때문이다. 그래서 나의 꿈이나 바람에 관한 이미지라면 잘 그리든 못 그리든 반드시 직접 그리면서 시각화하는 연습을 해야 한다고 생각한다.

마찬가지로 왜 여행을 가게 되었는지, 지금 기분은 어떤지, 뭐가 보고 싶은지, 뭘 하고 싶은지, 준비물은 무엇인지를 기록해 보자. 작은 것이라도 좋고, 못 그려도 좋다. 나만 알아보면 그뿐이다. 오로지 나를 위해 그리는 거니까.

DOLLARS	DEUTSCHE MARK ✓
100 × 3	50 × 1
50 × 1	20 × 1
20 × 2	10 × 1
10 × 1	
$400	**80**

CAMERA
· LENS SERIES
· FILM T-MAX
   Ckodak
   100 cc

MARK
50×1

300 (100 × 2
       50 × 1
       20 × 2
       10 × 1

20×1
10×1

ESSO

가장 중요한것
⇩
This Book

< 옷가지

100K1

'LEE' 바지

sleeper ✓
치약
칫솔
shaver
aftershave
Lufthanza socks 1
comb
손톱깎기

CHAIN KEE
주민증
passport
EUROPASS ✓IP
· SWISS knife
· BALL PEN

00
+

BOOKS ✓
COLLINS POCKET D.   1
        (GERMAN)
AESCHYLUS   1
Repertoire...
        bande dessinéel

DRAWING TOOL
붓 ✓   색연필 ✓
물감 ✓   연필 ✓
걸레 ✓   홀더 ✓
접시 ✓   CRAYON
컵

EYE!
RENU 1   ✓
식염수   ☐
CASE 1   ☐
수건 1   ✓
_____
4   ☐ + '안'안경'

mm
~no (200M)
mm

───── 3

──── 4

──── 1+

5+

PANTS
FOR SALE
HUNT
LEE
NIKE

SWEATER/상의
NAUTICA
FOR SAIL
MONACO
CLASSICS +1

INNERWEAR/
SOCKS
팬티 5
SOCKS
5+1

JUMPER
NAUTICA
1

AIN   7

28 9.30.

내 설렘의 기록들이다. 자세히 보면 손톱깎이까지 꼼꼼하게 챙긴 흔적을 발견할 수 있다. 새삼 놀랍다. 뭐든지 귀찮아하는 지금의 나와 너무 다른 10년 전의 나이다. 만약 여행을 앞두고도 전혀 설레지 않는다면, 무덤덤한 기분을 기록해도 좋겠다. 중요한 건 그 시간을 손으로 생생하게 남겨 보는 행동 그 자체이다. 왼쪽과 같은 그림 대신 컴퓨터 메모장에 준비물을 기입하고 말았다고 생각해 보라.

설렘으로 말할 것 같으면, 지도만큼 날 설레게 하는 것도 없다. 지도 보는 게 좋아 운전할 때도 내비게이션을 안 쓴다. 기계에 의지하면 지도 보는 능력이 퇴화할 것 같기 때문이다. 세계 지도를 식탁 유리 밑에 끼워 놓고 매일 보았다는 사람의 이야기를 들은 적이 있다. 기발한 생각이다. 하루에 세 번씩 보다 보면 자연스럽게 세계 지리를 외울 것이고, 세상에 가 보지 않은 곳이 너무나 많다는 사실을 항상 염두에 두게 될 테니 말이다. 나도 식탁이 생기면 꼭 한번 따라해 볼 생각이다. 그러나 지도 삼매경에 너무 빠져들면 안 된다. 특히 여행 전에는 주의할 것! 이것저것 부지런히 챙겨도 모자랄 준비 시간을 왕창 잡아먹을 수 있다.

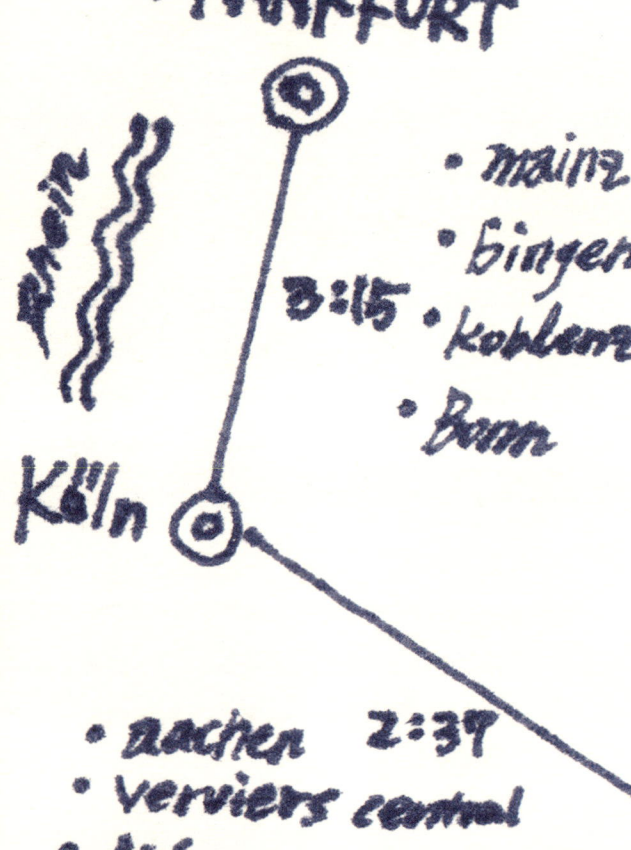

FRANKFURT

Rhein

• mainz
• bingen
• koblenz
• Bonn

3:15

Köln

• aachen   2:39
• verviers central
• liège
• leuven

1:25

1:5

BRUSSEL
Bruxèlles

0:40

Antwerpen

이쯤에서 고백해야 하겠다. 실질적인 일들을 처리하는 단계가 되면 나는 구제 불능의 무능력자가 된다는 것을. 그 흔한 영화표 예매조차 내게는 부담스러운 일이라, 예매가 싫어 영화를 보지 않게 되었을 정도다. 인터넷에 열심히 개인 정보를 입력해 놓고 마지막 버튼을 잘못 눌러 모든 게 날아가면 눈물이 앞을 가린다. 표현이 아니라 정말로 울었다는 얘기다. 부끄러운 일이다. 서류 작성, 예약, 결제, 접수…… 이런 것들이 싫어 작가라는 직업을 택했다고 해도 과언이 아니다. 그러나 작가든 뭐든 이런 일들을 항상 피해 갈 순 없는 법. 그런 의미에서 남들에게 별것 아닌 여행 일정표 짜기도 내겐 엄청난 난관인데, 이런 일을 즐기면서 처리할 수 있는 동반자를 구하면 여행이 한결 수월해진다.

나는 종종 형을 제물로 삼았다. 계획은 형이 맡고, 여행은 내가 맡는달까? 이렇게 말하면 형이 나에게 이용당했다고 생각하겠지만, 이 글을 쓰면서 문득 어쩌면 내가 이용을 당한 건지도 모른다는 생각이 든다. 아무런 의견도 없이 그저 수동적으로 가축처럼 따라만 다녔으니……. 어쨌든 따지고 보면, 나도 계획을 잘 '세울' 줄 몰라서 그렇지 일단 세워진 계획을 '그리는' 것은 신이 나서 잘한다. 메모장에 순서대로 기입할 수도 있겠지만, 이렇게 지도처럼 펼쳐서 그려 보면 동선도 한눈에 들어오고, 도시 이름들에도 익숙해지고, 이렇다 할 걸 그린 것도 아닌데 그런대로 봐 줄 만한 화면을 만들어 낼 수 있다. 일거삼득이다.

그러나 성격이 운명이라고, 그토록 설렘을 만끽하고, 멋진 계획을 세우고 나서도 결국 출발 당일은 여지없이 부산하기만 하다. 네 번째 남미 여행 때의 일이다. 공항 버스를 타기 10분 전까지 밀린 일을 처리하느라 열심히 이메일을 쓰는데, 짐 싸는 걸 도와주러 온 친구가 뒤에서 한마디 하는 것이었다.

"화장실 하수구가…… 이상해."

"뭐? 하수구가 어쨌다고?"

나는 계속 모니터만 쳐다보며 그냥 흘려들었다.

실수였다. 그녀도 너무 바빠 보이는 내게 화장실에서 발생한 일의 진실을 말할 수 없었던 것이다. 겨우 일을 마친 후 얼른 세면을 하고 출발하려 는 찰나……! 하수구가 완전히 넘쳐 나고 있었다. 주인집에 전화하고, 짐 걷어 내고, 일대 소란이 일어났다. 출발 시간은 다가오는데……

물이 넘쳐 흐르는 방을 놔두고 한 달간 여행을 나서는 찜찜함이라니. 주인집 아주 머니와 아저씨께서는 연신 괜찮다고 하셨지만, 괜히 미안하기도 하고, 여간해서 마 음이 놓이지 않았다. 나중에 공항에 앉아 이 장면을 그릴 때쯤에서야 피식 웃음이 나오고, 마음이 놓였다. 어차피 공항에 온 이상 내가 할 수 있는 일은 없으니까.

이렇게 나를 되돌아볼 수 있을 때는 바쁨을 자각할 수라도 있지만, 문제는 우리가 바쁜 상태에 너무 익숙해져 오히려 여유 시간이 주어지면 불안해한다는 점이다. 마치 여유를 즐길 능력을 상실해 버린 것처럼. 분주함은 여행 최대의 적이자, 우리가 여행을 떠나는 가장 큰 이유이다. 바빠서 못 떠난다는 건 말도 안 된다. 바쁠수록 떠난다,가 맞다. 우리는 고삐 풀린 일상의 압도적인 속도를 다시 우리의 통제 아래 두기 위해 여행의 시간을 마련하는 것이다. 그래서 정신없이 살고 있는 사람의 입에서는 무의식적으로 '어디 여행이라도 떠나야겠어.'라는 말이 튀어나온다. 무심코 한 말 같지만, 이는 자기 삶의 질을 지키겠다는 보호 본능에서 비롯된 자기 암시이다. 사람은 자기에게 무엇이 필요한지 잘 안다. 모든 신호가 그렇게 말을 걸고 있을 때 그것들을 무시하면 반드시 병이 찾아온다.

한 연구 결과에 의하면, 3초 안에 어제 점심에 먹은 메뉴가 기억나지 않으면 뇌세포가 퇴화하고 있는 거란다. 한번 해 보자. 떠올랐는가? 그런데 3초는커녕, 3분이 지나도 떠오르지 않는 사람들도 많다. 그만큼 우리는 바쁘게 살고 있다.

한 친구는 너무나 바쁜 삶 때문에 하루의 기억들이 모두 휘발해 버리는 단기 기억 상실증에 걸렸다. 하루 종일 정신없이 바쁘게 일하고 나서 퇴근 후 잠자리에 누워보면 아무것도 생각나지 않는 증상이다. 이일 저일 뭔가 바쁘게 처리한 기억은 나는데, 구체적으로 무얼 했는지 누굴 만났는지 무슨 이야기를 했는지…… 어렴풋할 뿐 잘 기억나질 않는 것이다.

보면서도 실은 아무것도 보고 있지 않은 병. 몸은 그 자리에 있지만, 단지 멍하게 있을 뿐 실은 그 자리에 있지 않은 병. 도시에 사는 현대인, 그중에서도 숨 가쁜 도시 서울에 사는 사람 중에 이 병에서 자유로운 사람은 많지 않다.

이런 사람들에게 가장 필요한 것은 요가나 명상처럼 자신의 몸과 호흡을 바라보는 운동들이리라. 차분히 정좌를 하고 오로지 호흡에 집중하는 것. 숨이 나가고 들어오면서 일으키는 신체의 변화를 느끼는 시간은 잠시나마 잡념의 굴레에서 우리를 해방시켜 준다.

그림도 일종의 명상이라고 할 수 있다. 차이가 있다면 손을 움직이면서 한다는 것? 기억의 병에 걸린 그 친구도 치유를 위해 그림을 그리기 시작했다. 그림이 그의 병을 얼마나 낫게 해 줄지는 모르겠지만 (그 병의 원인은 너무나 바쁜 일상이므로 직장을 옮기지 않는 한 완치는 힘들 것이다.) 적어도 그림 그리는 시간 만큼은 머리를 비울 수 있다고 한다.

그림으로 마음의 병을 치료한 예들은 무수히 많다. 나도 대학 시절 서울의 한 병원의 정신병동에서 미술 치료 보조 교사로 자원봉사를 하며 그 치유 효과를 직접 목격하기도 했다. 치유의 목적이라면 글을 쓰는 것도 좋다. 글쓰기는 머릿속을 꽉 채운 온갖 잡다한 정보들, 조각난 생각의 파편들을 정돈되고 일관성 있는 사고로 엮어 내도록 도와준다. 하지만 그림은 또 다르다. 그 비언어적 속성 때문에 글과는 차원이 다른 경험을 제공한다. 메일, 문서, 문자, SNS…… 지나치리만치 많은 시간을 언어의 그물 속에 갇혀 사는 우리를, 그림은 잠시나마 해방시켜 줄 수 있다. 늘 혹사당하는 언어 중추도 휴가를 필요로 한다. 가사 있는 음악 말고 연주곡, 혹은 묵음이 필요한 시간들이 있다.

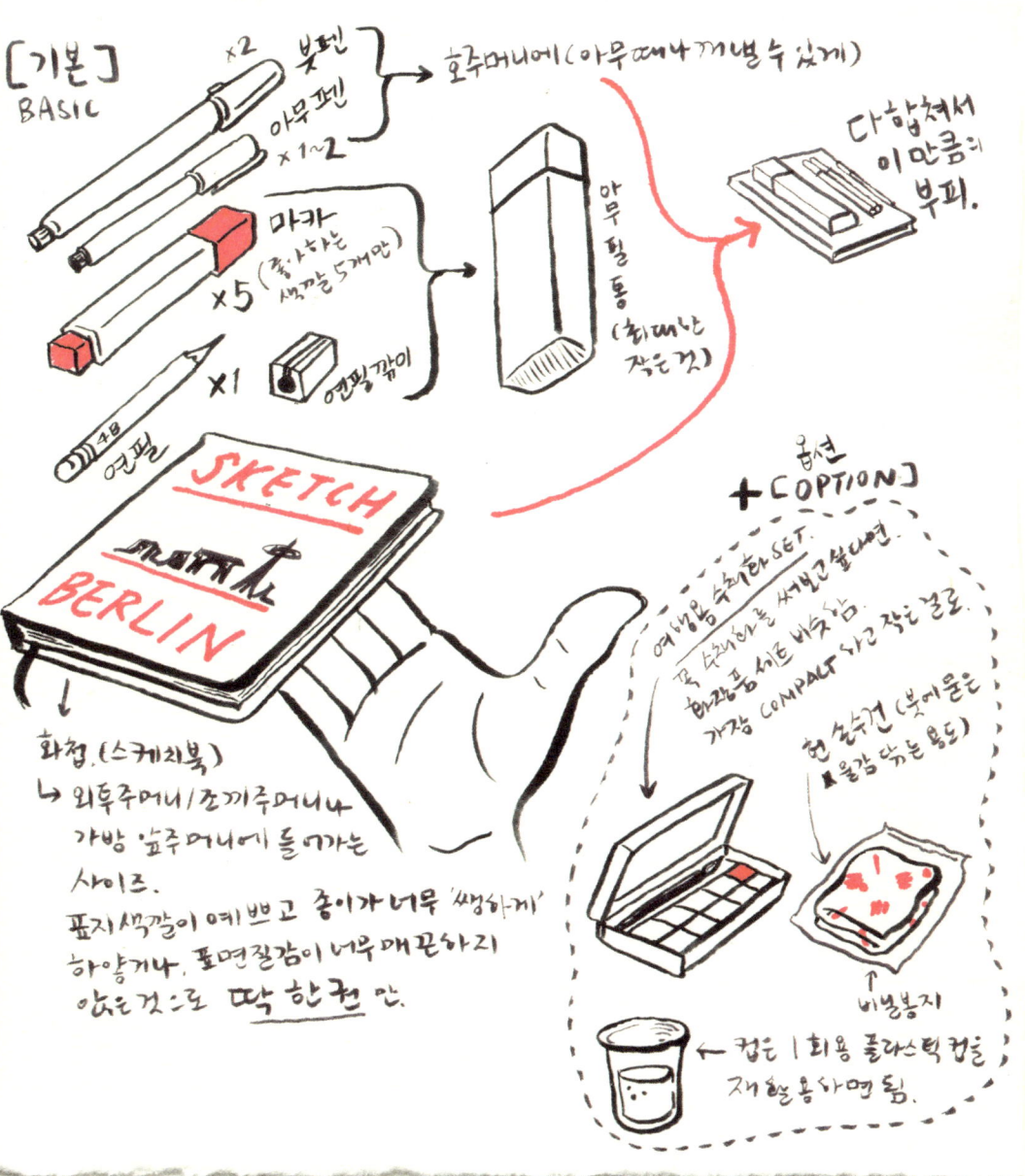

"그림여행준비물"

엄청나게 간편하고, 믿을수없이 단출한

[기본]
BASIC

×2 붓펜
아무펜 ×1~2
→ 호주머니에 (아무때나 꺼낼수 있게)

마카 ×5 (좋아하는 색깔을 5개만)

×1 연필깎이

연필

아무 필통 (최대한 작은 것)

다 합쳐서 이만큼의 부피.

SKETCH
BERLIN

화첩. (스케치북)
↳ 외투주머니/조끼주머니나 가방 앞주머니에 들어가는 사이즈.
표지 색깔이 예쁘고 종이가 너무 '쌩하게' 하얗거나, 표면질감이 너무 매끈하지 않은 것으로 딱 한권 만.

+ [OPTION] 옵션

여행용 수채화 SET.
풀 수채화를 쓰려고 사뒀음. 화방 품 세트 비슷함. 가장 COMPACT 하고 작은걸로.

헌 손수건 (붓에 물을 ▲물감 닦는 용도)

비닐봉지

← 컵도 1회용 플라스틱 컵을 재활용 사면 됨.

한숨돌리고

여행은 이미 시작되었다. 목적지에 도착하고 나서가 아니라 바로 지금, 이 공항에서. 속절없이 긴 환승 시간, 전광판에 뜨지 않는 나의 비행기 편명, 언제나 가장 늦게 나오는 짐, 마중 나오기로 한 사람의 감감무소식…… 이 모든 건 내게 뭘 가르치려는 걸까. 이 모든 게 해결되지 않아도, 잠시만 마음을 가라앉히고 주위를 둘러볼 여유만 생기면 보고 느낄 수 있는 것들이 의외로 많다는 것?

공항

비행기를 기다리며 즐기는 작은 취미가 있다.
작은 화물차들을 구경한다.
조그만 녀석들이 자기 몫을 다하겠다고
복잡한 통행 규칙을 존중하며
부지런히 짐 나르는 모습.

부지런함은 귀여움을 자아낸다.
성실함이 불러일으키는 귀여움,
그것은 인간의 가장 가치 있는 모습을 환기시킨다.
바로 일하는 인간의 모습이다.
여행자의 신분이 될 때
비로소 보이는 모습이다.

공항에 가면 노인 여행객들을 주시한다. 그들은 젊은이들에게는 없는 특징들을 지니고 있다. 그 특징은 남의 시선을 아랑곳하지 않는 자세에서 비롯된다. 타인을 의식하는 일 따위는 이미 피곤해진 나이의 여유랄까, 옷차림을 비롯해 작은 습관들까지 자기만의 고유한 스타일이나 행동 패턴들을 보여 준다. 함께 늙어 가는 부부 여행자를 관찰하는 일도 흥미롭다. 가령 관계가 정착된 방식을 살펴볼 수 있겠다. 어떤 부부는 체크인을 하러 줄을 서서 기다릴 때, 한 번은 부인이 한 번은 남편이, 반드시 번갈아 짐을 옮긴다. 어떤 부부는 함께 있다가도 한 명이 갑자기 말도 없이 이탈한다. 남겨진 쪽은 그러나 찾거나 당황하지도 않는다. 한참 후에 돌아와도 고개를 돌려 쳐다보지도 않고 대화가 이어진다. 말하지 않고도, 보지 않고도 서로의 행동 패턴을 아는 거다. 그들 사이엔 젊은 연인들 특유의 행복에 겨운 애정 표현은 생략되어 있지만, 그런 불타는 정열을 조용히 비웃어 줄 수 있을 만큼 견고한 힘이 팀워크의 형태로 나타나는 모양이다. 그 모습을 볼 때마다 어릴 적 나의 방 한편에 놓여 있던 유리병이 떠오른다. 물과 기름이 반반씩 담긴 작은 유리병이었다. 왜 그런 물건이 어린아이의 방에 있었을까? 밤새 몰래 다녀간 철학자의 선물이었을까? 놀라운 발견은 내가 여러 해 동안 그 병에 그 어떤 주의도 기울이지 않고 방치해 둠으로 해서 가능했다. 어느 날 문득 그 병에 담긴 액체의 색깔에 눈이 갔다. 색이 변해 있었다. 물과 기름의 경계가 더 이상 뚜렷하지 않았다. 이럴 수가…… 물과 기름이 섞이다니!

순도 100퍼센트의 물 또는 기름이란 게 현실에 없는 한, 경계라는 것 또한 생각만큼 절대적이지 않았던 것이다. 물과 기름처럼 보이는 관계도 오랜 세월을 부대끼면 섞이는 건가? 시간의 힘은 물과 기름이, 실은 물과 기름이 아니었음을 드러낼 수 있는 걸까? 여행하는 노부부들을 관찰하며 이런저런 생각에 잠긴다.

시간의 힘. 그것은 여행자를 어떻게 변화시킬까? 공항에서 긴 시간을 때워야만 하는 사람들의 다양한 모습들에서 이 질문에 대한 힌트를 얻을 수 있을지 모른다. 공항에는 타고난 '잠꾼'들이 있다. 그들이 자는 잠은 결코 새우잠이라고는 말할 수 없는 깊은 숙면이다. 집 침대가 아니면 이리저리 뒤척거리며 잠 못 이루는 나 같은 사람들에게 위화감마저 불러일으키는 이들. 공항에서의 남아도는 시간과 불면증은 그들을 간절히 부러워하게 만든다. 아무 곳에서나 잘 자기로는 둘째가라면 서러울 나의 한 친구도 어떤 잠꾼들(혹은 '라이벌들')의 발상에 놀라곤 한다.

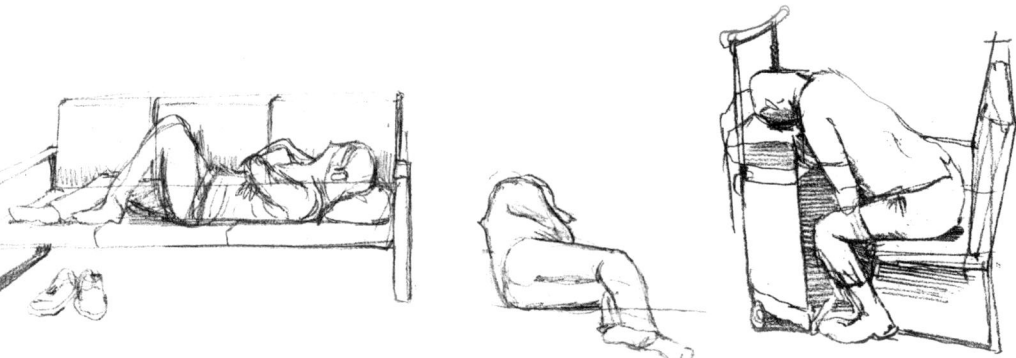

가령 남들이 모두 의자 위에서 몸을 이리저리 비틀어 가며 어떻게든 편한 포즈를 잡으려고 노력할 때, 이 사람을 보라! 콜럼버스의 달걀처럼 간단하면서도 획기적인 발상 전환. 그가 환기시키는 것은 평범한 지혜이다. 다리를 쉬게 하면 몸 전체가 쉴 수 있다는 것. 물론 바닥에 그런대로 깨끗해 보이는(먼지 진드기 이야기로까지 번진 말자.) 카펫이 깔려서 차갑지 않은 공항이라 가능한지도 모르겠다. 물론 이 정도는 맛보기다. www.sleepinginairports.net를 보면 그 '전문성'에 혀를 내두를 것이다.

하나의 목적을
기다린다는 것

들뮈께영.   다리당.

공항에서 가장 빈번하게 관찰할 수 있는 건, 사람을 기다리는 사람들이다. 대개 도시로부터 멀리 떨어져 있는 공항의 위치 때문에 이곳에 온 사람들은 분명한 목적—보통 단 한 명의 사람—을 갖고 기다린다. 기다림에 열중하다 서서히 지쳐 가는 자의 뒷모습은 언제나 낭만을 자아낸다. 화가 윌리엄 모리스William Morris는 말했다. "나에게 있어서 로맨틱하다는 것은, 무언가가 진행되고 있는 것을 바라보는 것이다." 때로는 그 가족들, 연인들이 뜨거운 재회를 할 때, 옆으로 다가가 내가 몰래 그리고 있던 스케치를 건네주고 싶은 마음이 동한다. 보세요, 당신을 기다리던 사람의 뒷모습이랍니다. 상상해 봤나요?

기내

스케치를 하다 보니 어느새 탑승 안내 방송이 나온다. 몇 번의 경험을 통해 얻은 개인적인 기내 생활의 지혜가 있다면, '옆좌석에 앉은 사람과는 말을 트지 않는 것이 편하다.' 그래, 편하기로 치자면 남남일 때가 최고이다. 그러나 나도 모르게 관심이 가는 것도 사실이다. 그 사람의 목적지, 국적, 그리고 몇몇 예외적인 경우에는 여행의 연유까지. 그 또는 그녀가 인종적 특징을 잘 간직한 외모를 지녔다면, 게다가 화장실에 갈 때 예의를 갖추어 양해를 구하는 사람이라면 흥미도는 더욱 높아진다. 그러나 말을 걸기는 아무래도 꺼려진다. 대화를 지속하는 부담을 내 쪽에서 먼저 떠앉고 싶진 않기 때문이다. 사람을 그리워하면서도 스스로를 고립시키는 편의를 택하는 현대인의 고질병. 타인에 대해 겨우 표할 수 있는 관심은 잠든 사이에 몰래 옆모습을 그려 두어 추억으로 간직하는 정도.

영화에도, 수다에도 지쳐서 승객들이 하나둘 나가떨어질 때쯤 고요히 불 하나 켜
놓고 식사 시간에 아껴 둔 와인을 꺼내 홀짝인다. 그 밤을 나 홀로 가진 것 같은 어느
상공의 야간 비행. 달콤한 고독.

환승

환승을 피해 갈 수 있는 여행자는 없다. 환승 표와 직항 표의 가격 차이가 엄청나기도 하지만, 남미처럼 먼 행선지는 아예 직항이 없다. 환승 시간이 너무 길면 진이 빠지긴 하지만 그리 나쁠 것은 없다. 이때야말로 그림 그리기에 더할 나위 없이 좋은 시간이기 때문이다. 제발 영화와 드라마를 잔뜩 저장한 DMB나 스마트폰을 틈날 때마다 꺼내진 말자. 그건 집에서 늘 하던 짓이잖아. 영화와 드라마는 기내에서 본 걸로 족하다. 이동하는 동안의 기나긴 '죽은 시간들'을 살려 내는 것보다 중요한 여행의 기술이 있을까? 이걸 터득하지 못하면 여행은 너무나 쉽게 고역으로 전락한다. 물론 뭘 해야 한다는 의무감을 가질 필요는 없다. 면세점 구경을 하든, 사람 구경을 하든, 책을 읽든, 일기를 쓰든 다 좋다. (가장 추천하고 싶은 것은 그냥 멍하니 있기.) 그리고 나서도 시간이 남는다? 그때가 바로 그림 그릴 시간이다.

그런데 환승 시간이 너무 짧으면 이건 진짜 문제다. 다음 비행기를 놓쳐 버릴 수 있기 때문이다. 국제선에서 1시간 반 이내의 환승 시간들은 꼭 의심해 봐야 한다. 이런 건 애초에 티켓 발부를 하면 안 되지만 잘 확인해 보지 않고 비행기에 탑승하고 나서야 깨달을 때가 있다. 나의 경우 「세계 테마 기행」 촬영차 페루로 떠나는 길에 이런 일이 일어났다. 경험이 풍부한 여행 다큐멘터리 전문 피디조차 여행사 말만 믿고 표를 샀던 것. 방심한 거다. 환승 시간이 겨우 1시간 반이었다. 게다가 환승 장소가 수속이 까다롭기로 악명 높은 L.A. 공항! 다행히 공항에서 일하는 삼촌 덕분에 가까스로 낭패는 면했지만, 출발부터 손에 땀을 쥐게 하는 그런 초조함은 웬만하면 피하는 게 좋겠다.

초조함은 그림의 가장 큰 적이다.

그러고 보니 예전에 페루에서 만난 괴짜 동네 형에게 들은, 초조함에 관한 다른 관점의 얘기도 있다. 초조감을 활용해 여자를 사귀는 비법에 관한 얘기였다.

…… 일단 영화 표를 예매하라. 그리고 영화가 시작하기 한 30분쯤 전에 영화관에 도착하라. 약 100미터 정도 떨어진 곳으로 자연스럽게 여자를 유인하라. 그보다 멀리 떨어져도 안 되고, 더 가까워도 안 된다. (이쯤 되면 사전 답사가 필요할 듯.) 커피를 한 잔 주문하고 가볍게 대화를 나눠라. 한 가지 더 준비할 것은, 재밌는 이야깃거리이다. 눈치를 봐서 영화 시작 시간이 약 10분 남았을 때, 그 이야기를 시작한다. 그 이야기는 상대방이 딴생각을 안 하고 집중하도록 붙잡아 둘 수 있는 그런 얘기여야 한다. 그리고 갑자기 생각났다는 듯 "아, 이런! 늦었다. 어쩌지? 우리 좀 뛰어야겠어."라고 말하는 것이다. 물론 실제로 같이 뛰어야 한다. 뛰면서 자연스럽게 살짝 손목이나 팔을 잡는 등 신체 접촉을 할 수 있으면 더욱 좋다. 이렇게 함께 초조한 순간을 겪으면 그 기억은 깊이 각인되고, 여자는 영화를 보는 내내 묘한 긴장감을 떨쳐 버릴 수 없게 된다. 그렇게 데이트는 성공한다…….

그는 굉장히 진지한 태도로 이 시나리오를 설명했다. 긴장의 순간이 기억과 불가분의 관계라는 것을 포착했다는 점만은 나도 높이 사고 싶다. 가끔 초조해질 때면 지금도 영화관 근처를 답사하고 누군가와 '가짜로' 헐레벌떡 뛰고 있을 그를 상상하곤 한다. 과연 한 번이라도 성공했을까?

초조한 상황이 전화위복이 될 때도 없지 않다.

한번은 페루에서 비행기를 놓친 일이 있다. 페루의 티티카카Titicaca 호수를 여행하는 사람이라면 훌리아카Juliaca라는 곳을 기억해야 한다. 호수에서 가장 가까운 푸노Puno라는 도시에는 공항이 없고, 한 시간가량 떨어진 훌리아카라는 작은 도시에 공항이 있기 때문에 많은 관광객들이 이곳을 거쳐 티티카카로 간다. 나의 당초 계획은 볼리비아에서 국경을 넘어 티티카카를 거쳐 훌리아카에서 비행기를 타고, 수도 리마Lima에 도착하는 것이었다.

문제는 국경에서 잡은 장거리 택시의 기사가 (타기 전에 몇 번이나 확인했는데도) 사실은 무면허 운전사로 밝혀지면서 발생했다. 이 친구는 끝까지 무면허가 아니라 갱신 기간이 하루 이틀 지났을 뿐이라고 주장했지만, 내 입장에선 다를 게 없었다. 검문소마다 지적을 받느라 시간이 지체되었기 때문이다. 다행히 국내선이었기 때문에 시간 여유가 조금은 있었다. 국내선은 수속이 간단하기 때문에 탑승 시간 직전까지도 손님을 태우는 일이 다반사다. 그런데 웬걸! 도착하고 나니 이미 게이트가 닫혀 있는 게 아닌가. 알아보니, 탑승 시간 전에 비행기가 떴다는 것이다. 출발 시간이 미뤄지는 경우는 봤어도, 제시간도 아니고 비행기가 일찍 뜨다니?

항공사는 시간이 빠듯하게 도착한 우리의 책임을 지적했지만, 우리는 스케줄을 제멋대로 바꾼 항공사 측의 잘못을 물고 늘어졌다. 결국 최악의 상황은 면할 수 있었다. 항공사에서 다음 날 비행기 자리를 확보해 주고, 훌리아카에서 제일간다는 호텔 투숙권과 아침 식사, 그리고 호텔까지의 왕복 택시 비용까지 부담하기로 했다. 사실 우리가 그들을 설득했다기보다, 날짜 교환이 가능한 티켓이라 비교적 순순히 편의를 제공한 것이지만, 어쨌든 이럴 때 절대로 쉽게 물러서면 안 된다.

홀리아카. 홀리아카라!

이 '사고'가 아니었으면 언제 이런 작고 알려지지 않은 도시에서 하룻밤을 자 보 겠나? 홀리아카 최고의 사성 급 호텔에 투숙하는 사치도 다 누려 보고.

그러나 진짜 전화위복은 호텔이 아니라 호텔로 출발하기 직전에 벌어진 작은 일 이었다. 그 전날 뉴스에서 얼핏 듣기로, 이날 천문 관측 역사상 가장 큰 달이 뜨기로 되어 있었다. 짐을 싣고 막 출발하려는데 문득 달이 보였다. 그 달이 분명했다. 내가 일행에게 제안했다. 당장 출발하지 말고 각자 소원을 빌고 가자고. 모두 흔쾌히 동의 했다. 택시 기사도. 사람이란 소원 빌기에 약한 것 같다. 모두들 달을 바라보며 숙연 해지는 순간이었다.

나중에 궁금증을 참지 못하고 택시 기사에게 물었다. 무슨 소 원을 빌었느냐고. 대답인즉슨 그 저 매일매일이 잘되기를 빌었단 다. 멋진 소원이다. 꼭 그렇게 되시 길……. 만약에 우리가 제시간에 비행기를 탔다면 어땠을까? 아마 도 이어폰을 꽂고 영화나 보고 있 었겠지.

입국

　내 몸뚱이만 잘 도착했다고 끝난 건 아니다. 짐까지 찾아야 안심인데, 말 그대로 짐이 짐이 되는 경우가 많다. 왜 항상 내 짐만 제일 늦게 나오는지…… 그놈의 짐 때문에 감격의 재회를 망쳤던 기억이 떠오른다. 페루에서 2년간 봉사단원 활동을 했을 때, 가족들이 방문한 적이 있다. 오랫동안 보지 못한 가족들의 얼굴을 본다는 기대감에 부풀어 공항에 나갔는데, 어쩐 일인지 비행기는 도착했는데 사람이 안 나오는 것이었다. 이런 경우에는 수속이 잘못되거나 짐이 문제를 일으킨 것인데, 예상대로 짐이 곧바로 쿠스코Cuzco로 보내진 것이었다. 엄청난 시간을 허비하고 항공사 측에 불같이 항의하고 난 후 출구로 나오는 가족들의 표정은 내가 기대한 그것이 아니었다.

어쩌다 방송 촬영 팀과 함께 갈 때는 문제가 더 자주 발생한다. 마지막 관문인 세관원들이 촬영 장비에 유난히 까다롭게 굴기 때문이다. 이번에도 페루 리마에서 일이 터졌다. 국제공항에서 촬영 카메라가 붙들린 것. 자기 나라의 멋진 풍광을 담아 홍보해 주겠다는데도 세관원들은 의심 가득한 눈길만 던진다.

산전수전 겪은 카메라맨 친구의 말에 따르면, 괜히 트집을 잡아 뭔가 뜯어내려는 수작이라는데, 그 말을 들으니 가만히 있을 수 없어 항의해 보지만 소용이 없다.

"이렇게 비싼 카메라를 들고 다니는 걸 보니 촬영 팀인데, 촬영 허가는 받았나요? 공문은 갖고 있겠죠?"

하지만 남미에서 그들이 요구하는 공문을 다 받으려면 1년 전에 신청해도 나올까 말까다. 둘러댈 수밖에.

"이거 그렇게 비싼 카메라 아니고, 게다가 중고예요. 우리나라에서는 결혼식 촬영도 이걸로 한다니까요."

그러나 결국 통하는 것은 항의보다는 호소인지, 페루를 예쁘게 담겠다, 한국 사람들에게 널리 잘 알리겠다고 반복적으로 호소하자 겨우 통과되었다. 다 지나간 일이긴 하지만 카메라는 몰라도 촬영 장비를 넣는 '펠리카Pelica'(실제로 펠리컨의 주둥이에 달린 볼주머니의 모양을 본 따 지은 이름이라고 함.) 가방은 내가 봐도 폭탄이 들어 있지 않으면 오히려 이상할 만큼 수상하게 생기긴 했더라.

한국 사람에게만 해당되는 짐도 있다. 요즘에도 반입이 가능한지 모르겠지만, 예전에는 외국에 사는 친지를 위해 김치를 배달할 때가 종종 있었다. 김치 배달이 곤혹스러운 임무임에는 틀림없지만, 마약 탐지견처럼 냄새로 짐을 식별해 내는 재미는 은근히 쏠쏠하다.

찾았다!

시간 때울 때 그리면 좋은 것

ㄴ………………

1 뒷모습
2 쓰레기통
3 음식, 음료...
...

어슬렁거리며

드디어 도착. 숙소도 잡았겠다. 얼른 짐을 팽개쳐 놓고 밖으로 기어 나오자. 홀가분한 차림으로. 단 하루라도 아무 계획을 잡지 말자. 계획은 사람을 조급하게 만든다. 그냥 어슬렁거리자. 이 골목에서 저 골목으로 발에 판단을 맡기고 마음이 이끄는 대로.

SALONE BIGLIETTI

Gare
hotel (1star)
180FF
/ 2bed
per one
Bonjour!
Merci
M
PUBLIC
PHONES → ONLY
CARDS AVAILABE !
LILLE

여행 경험이 쌓이면서 숙소에 대해 조금 까다로워지긴 했지만, 20대 때는 어디가 됐건 나의 보잘것없는 주머니 사정에도 잘 곳이 구해진다는 사실이 신기하고 황송할 따름이었다. 더욱이 벨기에 국경과 인접한 프랑스 북부 릴Lille에서 만난 활달한 아주머니 같은 호텔 주인을 만나면 마치 친척 집에 놀러 온 듯한 안도감까지 덤으로 느낄 수 있다.

1998년 가을. 현지 식당에 들어가는 일조차 도전처럼 느낄 정도로 쭈뼛쭈뼛하던 초보 여행자 시절이었다. 숙소를 마련한 날 시간이 남아도 겨우 하는 일이라곤 근처 맥도널드에 가서 가장 싼 아이스크림을 한 개 사서 여행 동반자 형과 둘이 나눠 먹는 것이었다. 그렇게 잔뜩 쫄아 있긴 했지만, 그때만큼 겸손하고 낮은 자세로 맞닥뜨리는 모든 것들에 진심으로 경이로워하며 여행의 일 분 일 초를 온전히 느꼈던 때도 없다. 다시 오지 않을 날들이다. 초라함만이 줄 수 있는 둘도 없는 소중함과 재미는 초라함에 대한 감각이 발달되지 않았을 때만 향유가 가능하다. 초라함에 대한 세상의 통념을 받아들이는 순간 사람은 정말로 초라해진다.

아무리 낯선 환경도 일주일쯤 지나면 익숙해지기 마련이다. 긴장이 풀리고 여유를 넘어 약간의 배짱까지 부리고 싶어진다. 현지인에게 밤길을 다녀도 위험하지 않냐고 묻는 것은 이제 촌스럽게 여겨지는 단계이다. 우범 지대까지 활보하면 안 되겠지만, 그런 무모함도 무용담 수집가의 입장에서는 거역할 수 없는 유혹이다.

그저 어슬렁거리자. 혼자여도 좋고, 대화가 되는 동행이 있으면 더 좋다. 지갑이 두둑할 필요도 없다. 오히려 홀가분한 게 좋다. 행여나 소매치기를 당해도 툭툭 털고 웃어넘길 수 있을 정도의 돈, 라이베리아식 Liberian 샌드위치 한 조각 사 먹을 수 있을 정도면 충분하다. 이국의 거리에서 짐짓 이방인이 아닌 척, 여유를 가장하고 이리저리 쏘다니는 것, 나는 이것을 여행 최고의 별미로 친다. 너무 쉬운 일 아니냐고? 글쎄, 산보를 자극하는 도시를 찾기가 그리 쉬울까? 하루 종일 아무 계획 없이 산보만 하는 게 말처럼 쉬울까? 『베를린의 유년 시절』을 쓴 발터 벤야민 Walter Benjamin 이라면 이렇게 답할 것이다. "도시에서 길을 잃으려면 연습이 필요하다."

어슬렁 프로그램에서 커피 한 잔의 여유를 빼놓을 순 없
다. 이 그림을 그렸던 10년 전만 해도, 나는 파리의 카페들
이 부러워 한국에도 카페가 많이 생기기를 바랐다. 그러나
단위 면적당 카페의 수가 거의 세계 최다 수준이 된 지금도
그 부러움은 해결되지 않았다. 문제는 카페의 숫자가 아니
었던 것. 그곳에는 지금 우리의 카페들에서 발견하지 못하
는 문화가 있다. 프랜차이즈가 아닌 작은 카페들이 훨씬 많
고 인테리어나 쇼윈도, 계산대, 픽업대 등의 배열이 공식처
럼 설계되어 있지도 않다. 계산 방식도, 테이블에 돈을 놓
고 가는 멋이 있다. 음악 소리가 너무 크다거나, 냉난방이
너무 과하다거나, 목소리 큰 단체 손님이 있다거나 하는,
우리의 카페들에서 흔히 접하는 불편함들도 한결 덜하다.

가장 큰 차이는 공간에서 이뤄
지는 만남의 종류이다. 우리의
카페는 노트북을 펴고 자신에
게 열중하는 지극히 사적인 공
간이거나 이미 정해진 상대를
만나기 위해 이용하는 약속 장
소일 뿐, 모르는 사람들이 우연
히 마주쳐 대화를 틀 수 있는 우
물가 같은 장소는 아니다. 그런
곳이 생기려면 '동네'가 선행되
어야 하겠다. 그래야 사람들의
생활 동선이 교차하면서 자연
스럽고도 새로운 만남들이 이
루어지겠지. 유럽 특유의 살롱
문화는 이제 파리에서도 사라
지고 있다고 한다. 세계 어디를
가나 동네가 붕괴하고 있다. 그
럴수록 더 그리게 된다. 그림으
로라도 남겨서 기억을 보존한
다면 언젠가 되살릴 수 있는 확
률도 높아지리라.

골목, 거리, 행인. 이 말들과 어울리는 동사는 '스쳐 지나가다'이다. 그러나 여행자는 골목을 스쳐 지나가서는 안 된다. 골목이야말로 머무를 장소이다. 골목은 조연이 아니라 주인공이다. 요즘 세계 각국의 골목 여행에 관한 책들도 나온다. 그러나 안타깝게도 우리의 골목들은 이미 되돌릴 수 없을 만큼 많이 파괴되었다. 길을 넓히고 엄청난 크기의 건물이 들어서고 화려한 최신 자재들로 도배를 했으나 거기서 느껴지는 감흥은 한 달도 되지 않아 휘발한다. 도시의 기억을 무시한 까닭이다. 어디를 가든 특징이 사라져 가는 우리의 도시에서는 그래서 그런지 그림 그릴 맛도 잘 안 난다.

골목의 흡인력은 어디서 나오는가? 아기자기한 동시에 관능적인 기묘한 매력의 정체는 무엇일까? 평범하고 뻔한데도 훔쳐보고 싶은 이유는 뭘까? 골목의 저편을 상상하며 조금 더, 조금 더 멈추지 못해 빨려 든다. 학창 시절 물리 시간에 배웠던 공식이 떠오른다. 베르누이Daniel Bernoulli의 정리에 의하면, "유체가 흐르는 관에서 관이 좁아지면 속도가 빨라지고, 압력은 낮아진다." 그 원리를 나의 경우에 대입해 본다. '골목을 거닐 때 나의 속도는 빨라지나, 그 발걸음은 가벼워진다.'

골목은 관광객의 것이 아니라 거주자의 것이다. 관광객은 위를 보고 걷고, 거주자는 아래를 보며 걷는다. 가령 음울한 분위기를 자아내는 파리 외곽 지역은 우범 지대라는 인식 때문인지 관광객이라도 고개를 쳐들고 다니기 꺼려진다. 그러나 특유의 음울한 색채는 붓을 들지 않을 수 없게 만든다. 위험해도 그리고 싶은 곳. 안전해도 그리고 싶지 않은 곳……. 그리고 싶은 골목과 그렇지 않은 골목의 차이는 명백하다. 시간이 쌓이도록 놔둔 공간인가, 아니면 조금 헐었다고 다 무너뜨리고 갈아엎고 반반한 새것으로 도배해 버렸느냐의 차이다. 파리의 낡은 골목을 넋 놓고 바라보고 있으면, 수백 년 전부터 이곳을 행진했던 군대의 발자국 소리, 혁명의 피가 유난히도 많이 뿌려졌던 날들의 비린내까지 난다. 물론 착각이다. 쉽게 착각에 빠지도록 도와주는 골목이 그림을 부르고 시심을 흔든다.

그러나 우리의 골목들에서는 그런 상상력이 쉽사리 떠오르지 않는다. 우리는 너무 새것, 깨끗한 것, 매끈한 것, 다듬어진 것들을 선호해 왔다. 그런 면에서 페루 중부 지방의 우아라스Huaraz란 산악 도시에서 발견한 한 골목은 매우 특별하다. 1985년 겨울, 그곳은 화산 폭발로 인해 도시 전체가 초토화되는 비극을 겪었다. 그러나 기적적으로 단 한 개의 골목만은 지진의 여파에서 비껴 날 수 있었다. 이름 하여 '호세 올라야 거리Pasaje Jose Olaya'. 마을 주민들은 이 거리를 보호 구역으로 지정하고, 과거의 모습 그대로 유지하기로 결정했다. 식민지풍 테라스, 삼단 덧문, 좁은 돌길, 흙벽 담…… 100미터도 안 되는 그 거리에 들어서면, 마치 영화 세트장에 진입한 것처럼 (이 표현이 거슬리긴 하지만 정말로 그렇다.) 전혀 다른 시간이 보존된 공기를 맡을 수 있다. 기억의 장소에는 관광객들도 겸허해지도록 만드는 힘이 서려 있다.

OLAYA,
HUARAZ 2012

건물 구경

골목 여행은 건물 구경으로 이어진다. 이미 지어진 건축물을 그리는 것은 비교적 쉬운 일이다. 대상이 움직이지 않기 때문이다. 물론 정확히 그리자면 얘기가 달라지지만, 주지하다시피 그건 우리의 관심사가 아니다.

처음 그려 보면, 작은 종이에 커다란 건축물을 욱여넣는 것이 어렵게 느껴진다. 너무 조그만 디테일에서 시작해 결국 종이 크기를 넘치거나, 덩어리만 그려서 볼품없는 성냥갑처럼 되기도 한다. 이게 모두 괜한 고민이다. 그냥 멋대로, 그리고 싶은 부분만 그리면 된다. 색깔도 그냥 있는 물감을 쓰면 된다. 건축 스케치계의 일인자가 되고 싶은 게 아니라면, 그림이란 그저 대상을 조금 더 깊이 즐기기 위한 수단이니, 비례가 안 맞든, 형태가 엉터리든 그저 손이 가는 대로 멋대로 그리면 그뿐이다.

나를 끄는 힘이 가장 강렬했던 건물을 꼽으라면 단연 독일의 쾰른 대성당이다. 세계에서 세 번째로 큰 성당이라는 사실 때문일까, 중세 고딕 건축의 보석 중 보석이라는 평가 때문일까, 그 압도적인 웅장함 때문일까? 다른 성당보다 더 울퉁불퉁하고 전투적이어서 금방이라도 괴물로 변신해 일어설 듯한 외양 때문일까? 지금도 유럽을 떠올리면 쾰른 성당부터 떠오른다. 이 건축물을 그리는 동안 나의 뇌 깊이 그 형상이 유럽의 대표 이미지로 각인된 모양이다. 손으로 그린 것이 가장 깊이 기억에 남는다는 나만의 공식을 증명한 쾰른 성당을 편애하며, 나는 여러 장의 스케치를 남겼다.

Köln
Dom

75"

여기까지 왔다면

여행 전의 기분을 기록하고,
아바타를 그려 보고,
공항에서 누군가의 뒷모습도 그려 보고
카페에 앉아 커피잔을
또는 건너편 건물을 그려 봤다면.

일단 그림 여행은 성공이다. 더 안 그려도 된다.
물론 여기까지 왔다면 이제 누가 권하지 않아도
더 그리고 싶어지리라 믿는다.

화가 클림트Gustav Klimt는 아침에 일어나면 꼭 그 수도사 같은 넝마 차림으로 산
책을 했다고 한다. 그러다가 갑자기 어떤 착상이 떠오르면 바닥에 질질 끌리던 옷을
집어 들고 집을 향해 곧장 헐레벌떡 뛰어가곤 했다. 영감이 날아갈까 봐 마음이 급
했던 것이다. 렘브란트 Harmensz von Rijn Rembrandt는 매일 밤, 잠들기 전에 그날 하루 동
안 자신이 보았던 것들을 하나하나 그리기 시작했다. 아주 사소한 것들이라도, 마치
그림일기를 쓰듯. 이런 그림들이 우리에게 모두 소개되는 것은 아니다. 유실된 스케
치들도 무수히 많을 것이다. 어쨌든 이렇게 규칙적으로 습관처럼 그린 수없이 많은
스케치들이 있었기에 우리가 아는 그들의 대표작들도 나왔으리라.

~~안~~그려질때

침팬지연구자 제인구달曰 :
　"어느 침팬지에게 공을 그려보랬더니..."
　　　　　　　BALL

이렇게 그렸다고 한다.

(형상이아니라 움직임을 본것) ────── 놀라운 발상의 차이다.

'닮게' 그릴 필요없~~ㅅ~~다.
느끼는대로, 생각대로, 멋대로!!

ex) 언젠가부터 나는
　사람들이 바퀴벌레로 보인다.

BUSINESS
CLASS

그럼 바퀴벌레를 그리면됨.

ex2) 어떤 때는 사람들이 이렇게
　　보이기도 한다.

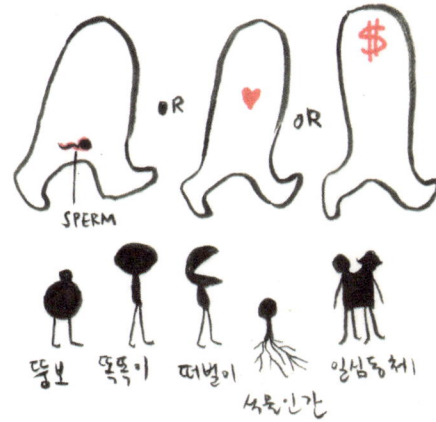

SPERM　$　OR　♥　OR

뚱보　똑똑이　떠벌이　썩은인간　일심동체

한마디로 아무렇게나 그리다
보면 슬슬그릴 맛이 돌아옴...

Q. 그래도 안그려지면?
→ 안그리면 그뿐. 떠오를때 그리면 그뿐.

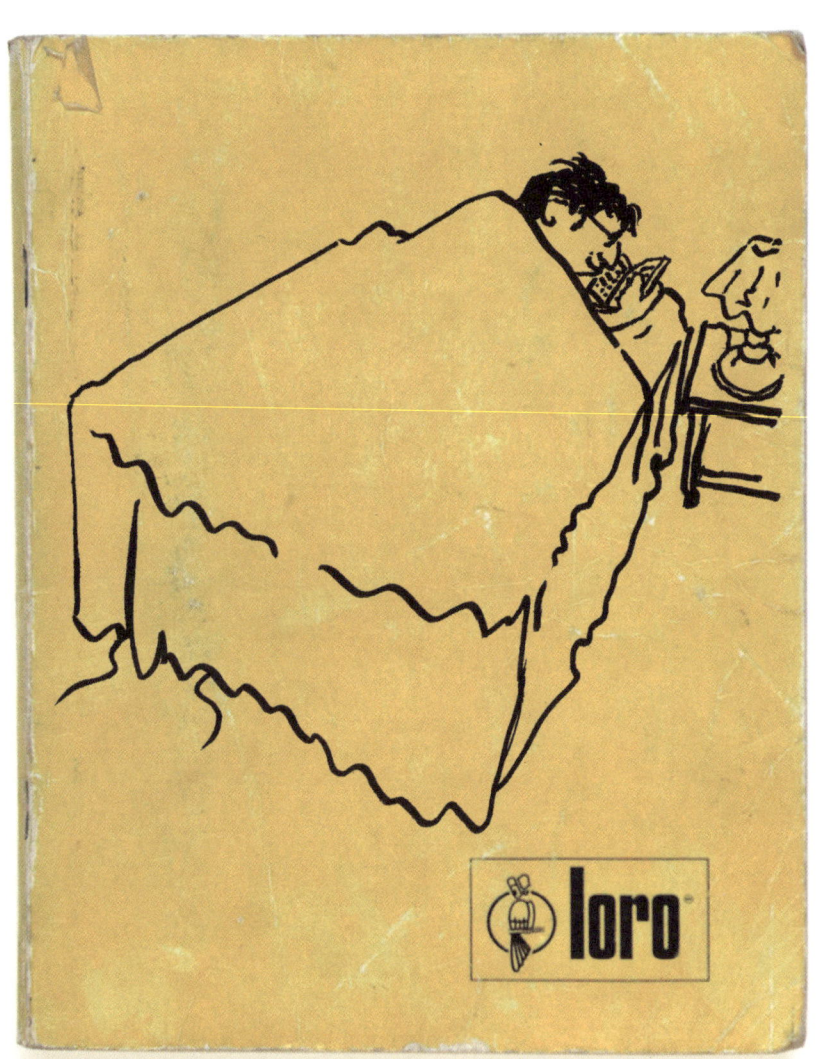

loro

관광이고 뭐고 다 귀찮아질 때가 왔다. 침대 속에 머물 훌륭한 핑계를 찾아보자. 숙소에 큰 의미를 두지 않는 이들도 있지만, 나는 운치 있고 맘에 맞는 숙소를 찾기 위해 주어진 옵션들을 비교하는 스타일이다. 무릎이 닳도록, 없는 돈을 쪼개서라도. 그 이유는 다름이 아니라 내게는 숙소가 중요한 놀이터이기 때문이다.

숙소 음미하기

의아해할지도 모르겠다. 겨우 방구석에나 처박혀 있으려고 그 먼 곳까지 갔느냐고. 모르시는 말씀. 방구석도 나라마다 다르다. 단 하루라도 남의 집에서 살아 본다는 게 얼마나 색다른 경험인가? 게다가 그곳에서 얼마나 할 일이 많은가? 꼭 관광을 해야만 여행인가?

그림 여행을 가장 쉽게 시작할 수 있는 곳도 바로 이 숙소이다. 방을 한번 그려 보자. 비슷비슷해 보이는 방이지만, 작은 특징들이 있다. 방을 그리는 데는 여러 가지 방법들이 있을 것이다. 옆의 그림처럼 내가 앉아 있는 침대에서 바라본 방을 그릴 수도 있고,

BOLIVIA, MACHA.

BOLIVIA, 2012

위에서 봤다고 생각하고 그릴 수도 있다.

또, 방을 다 그리는 게 아니라
인상적인 부분만 그릴 수도 있겠고,

방을 직육면체의 연극 무대처럼 그려 놓고 이것저것 채워 넣는 것도 괜찮겠다.

여유가 되면 그림에 색을 더해도 재밌다. 파리에서 묵었던 저 방은 색깔이 특징적이었고, 이름도 '핑크 룸'이었다. 색을 처음 쓰다 보면 칙칙하고 어두운 느낌을 주는 회색과 갈색을 피하고, 채도가 높은 핑크나 빨강, 노랑 등 '예쁜 색' 위주로 칠하는 경우가 많다. 그러나 옆 그림처럼 회색과 갈색이 잘 받쳐 주어야 핑크같이 화사한 색이 더 빛을 발하기도 한다. 채도 높은 색만 골라 쓰면 전체적인 톤이 마냥 가벼워지거나 유치해지기 쉽다. 그게 취향이라면 상관없지만.

단상 쓰기

그림에 글을 곁들이는 것도 좋다. 글은 휑해 보이는 공간에 재미를 주는 효과도 있지만, 그림으로는 다 표현할 수 없는 당시의 감정을 기록할 수 있기 때문에 나는 곧잘 그림 위에 글을 쓰곤 한다. 그런데 고등학교 때 한 미술 선생은 절대 이런 '짓'을 하지 말라고 했다. 그림에는 서명 이외의 글자가 절대로 들어가선 안 된다는 것. 그림의 격을 떨어뜨리고, 해석의 여지를 협소하게 만든다는 이유 때문이었다. 그의 생각에도 일리는 있겠지만, 무언가 절대로 하지 말라고 가르치는 일이야말로 절대로 해서는 안 된다고 생각한다. 괜한 금기는 사람을 그저 위축시킬 뿐이다. 게다가 따져 보면 맞는 말도 아니다. 글자가 들어간 포스터도 얼마든지 훌륭한 그림이 될 수 있고, 해석의 여지가 넓은 그림만 좋은 그림인 것도 아니다. 또 우리의 전통 회화를 살펴보면 시서화처럼 그림에 글을 곁들이던 전통이 강했는데, 그런 그림들에 격이 없다는 말도 사실 무근이다. 문제는 어떤 글을 어떻게 쓰고 어떻게 배치하느냐이지, '뭘 해서는 안 된다.'가 아니다. 그 선생 말을 들었다면, 나의 그림들 중 반 이상은 아예 그려지지조차 않았겠지.

Dreaming
in a
Pink room

숙소 얘기를 하다 새 버렸다. 가장 마음에 들었던 숙소를 하나 꼽으라면 뭐니 뭐니 해도 영국 캔터베리Canterbury의 '베드 앤드 브렉퍼스트Bed & Breakfast'. 이 마을은 『캔터베리 이야기』라는 소설로 유명하지만, 내가 기억하는 것은 묵었던 숙소뿐이다. 마치 전에 이곳에 와 봤다는 착각이 들 정도로 방이 익숙했고, 가만히 앉아만 있어도 유쾌한 생각들이 뭉글뭉글 쏟아졌다.

한 개인이 특정한 장소에 끌리는 이유는 뭘까? 내가 쓴 우화 『공간의 요정』을 빌려서 얘기하자면, 자기가 진정 좋아하는 공간에서 사람은 잠이 들고, 공간과 사람 사이에서 공간의 요정이 잉태된다. 믿거나 말거나! 암튼 마음에 쏙 드는 공간을 발견했다면 그날은 시간을 갖고 방에 머물며 구석구석을 음미해도 좋겠다. 질 좋은 커피를 맛보듯, 방에 켜켜이 쌓인 기억들을 상상하다 보면 어느새 꿈을 꾸고 있을 것이다. 그러나 포근히 잠들기 전에 해야 할 일이 아직 남아 있다. 다름 아니라……

여행 중 꿀맛 독서!

잠자기 전 책 읽기

집에서는 잘 안 되는 침대맡에서의 독서가 여행 중엔 참 잘 된다. 몇 페이지 읽다가 그대로 편안히 잠이 드는 기분은, 내로라하는 명승지를 다녀온 만족감보다도 크다. 잠들기 전 독서에 가장 잘 어울리는 작가를 딱 세 명 꼽아 본다면?

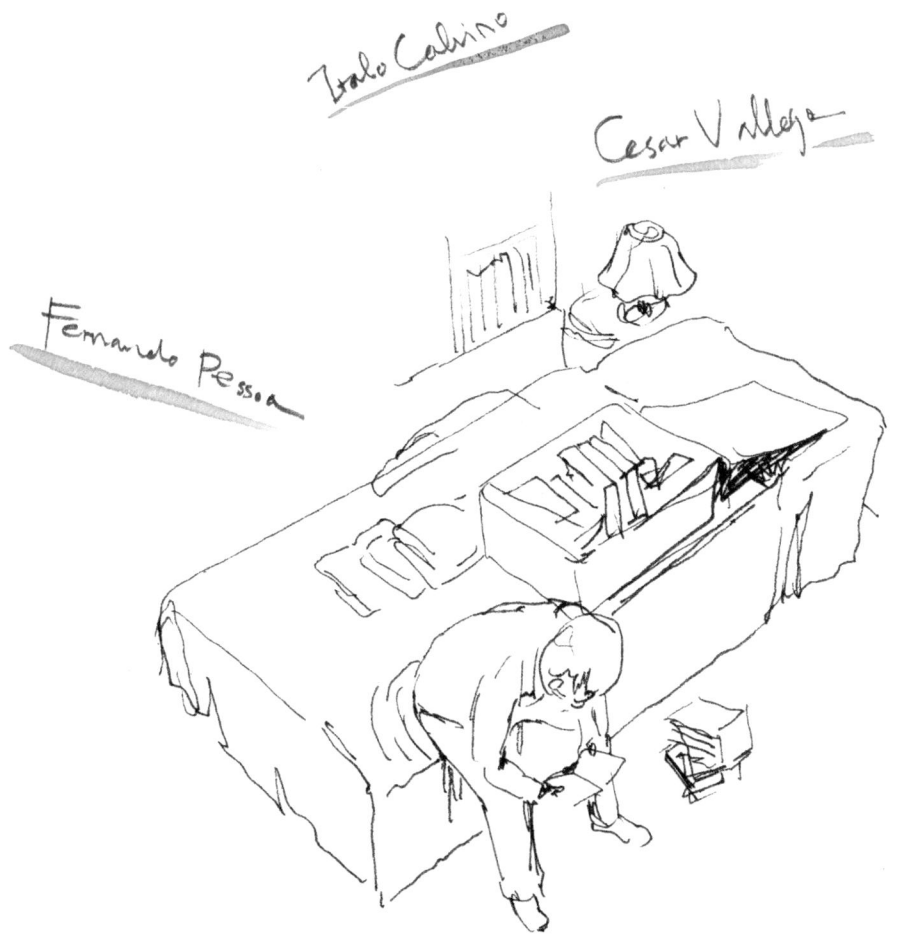

이탈로 칼비노 Italo Calvino

이탈리아의 소설가.

세상에 딱 하나밖에 없는 시선을 가진 사람.

어떤 소재를 택했느냐는 그에게 전혀 중요하지 않다.

그가 관찰하는 순간 모든 것이 특별해진다.

세자르 바예호 Cesar Vallejo

페루의 시인.

요새 대개의 작가들이 제공하는, 그래서 세간에 넘쳐 나는

값싼 위로와는 차원이 다른 진정한 위로를 주는

시인 중의 시인, 친구 중의 친구, 사람 중의 사람.

페르난두 페소아 Fernando Pessoa

포르투갈의 시인, 에세이스트.

내가 읽어 본 중에 가장 깊고 아름다운 일기를 쓰는 사람.

영롱하고 슬프고 따듯하고 고독하고, 혼자이다.

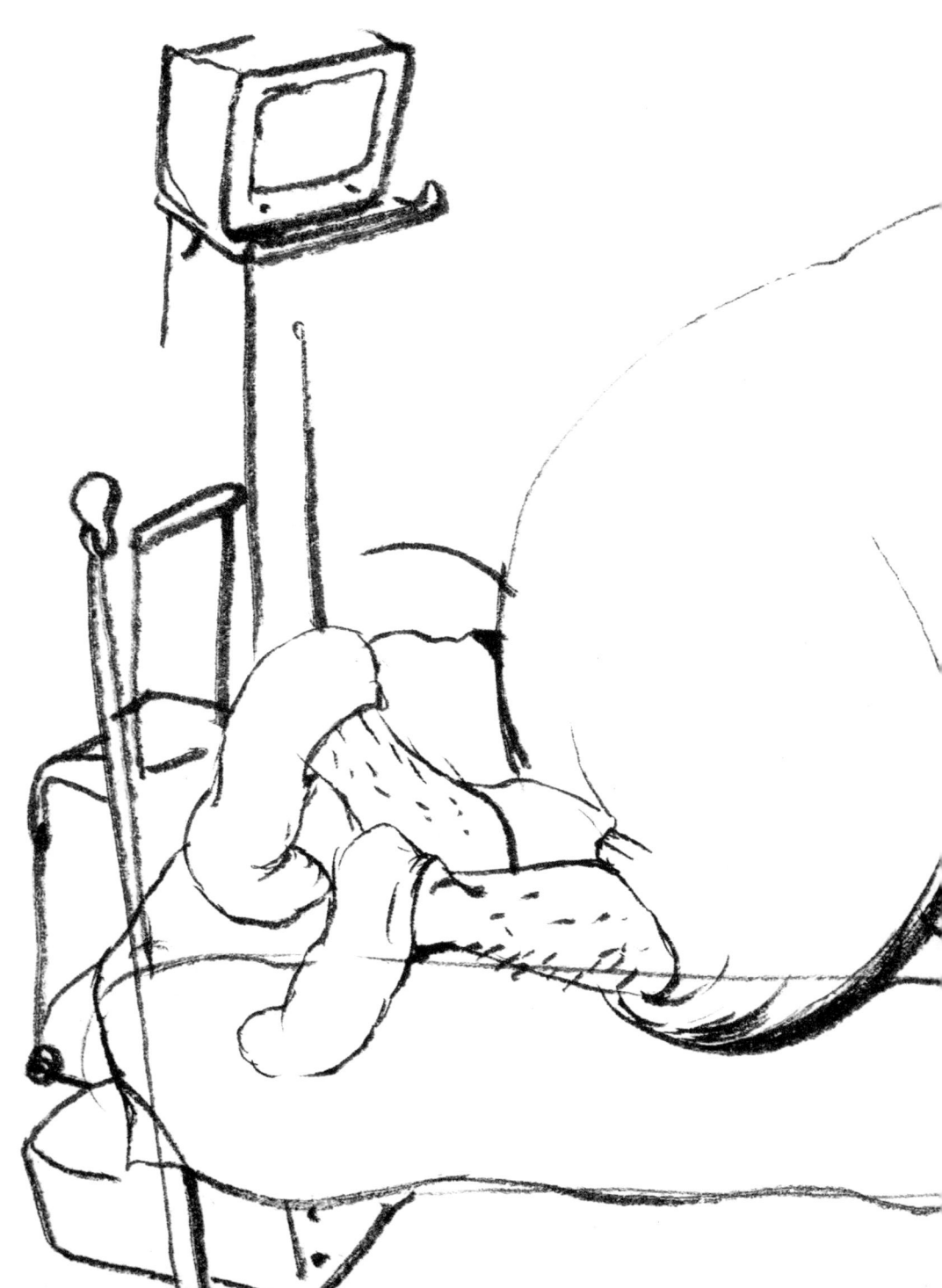

슬슬 좀이 쑤시면 방 밖으로 나가 보자.
이런 마당이 있을지도 모른다.

'mi hogar'
Av. El Sol 116, Barranco. Lima

AVENDAESOL #116 , T3ARRANCO. LIMA. 2012/5A

EL PATIO DE LA NIÑA CAROLINA TORRES!

어느 마당에는 이런 아이가 놀고 있을지 모른다.

볼리비아의 산골 마을 마차Macha의 민박집에서 만난 어린 카롤리나.

그림과 글 이야기를 마저 해야겠다. (여행의 자유로움에 취해 자꾸 두서없이 떠드는 나를 용서하시길.) 앞서 말했듯, 나는 그림도 좋아하지만, 글쓰기도 좋아해서 그림 옆에 몇 줄 남기는 버릇이 있다. 어쩌면 내가 권하고 싶은 것도 그림 여행이라기보다 글을 곁들인 그림 일기 여행인지도 모르겠다. 이 버릇 때문에 나는 '그림 소설'이란 걸 쓰는 사람이 되었는데, 그게 뭔지 궁금해할 수 있을 것 같다. 사실, 그림 소설이라고 통용되는 장르는 없다. 그럼에도 그렇게 칭하는 이유는 만화와 구분을 하기 위해서이다. 만화가 싫어서가 아니라, 일반적인 만화를 생각하고 나의 그림 소설을 보면 대체로 실망하기 쉽기 때문이다. 내가 그리고 쓰는 그림 소설은 만화에서 쓰는 칸이나 말풍선을 잘 쓰지 않는데, 그 자유로운 형식 때문에 가독성이 떨어질 수도 있다. 내용도 몰입이 쉬운 스토리나 캐릭터 위주가 아니라 진지한 사색 위주이다. 호흡도 더 길다. 한마디로 다른 종류의 재미를 기대하고 봐야 잘 소화할 수 있다. 그러고 보니 이 여행기도 보통의 여행기에서 제공하는 특정 장소에 대한 정보나 감상보다 여행하는 방식에 대해 얘기하고 있는데, 내가 이런 형식의 차이에 목숨을 거는 경향이 있는 것 같다. 아무튼 굳이 그림 소설이란 간판을 걸고 이 분야에 도전하게 된 데는 이유가 하나 더 있다. 어릴 적에 소설을 즐겨 읽으면서도, 늘 한 가지 참을 수 없는 것이 있었다. 그것은 소설에 나오는 자세한 공간 묘사였다. 예를 들면 이런 식이다.

……아파트는 뜰에서 들어가게 되어 있었다. 작은 뜰은 거의 페테르부르크식으로 작고 추웠으며, 거대한 7층 석조 가옥들 사이에 꽉 끼어 있었다. 뜰은 끔찍하고, 흔적을 알아보기 어렵게 흐릿한 색깔의 악취 나는 구정물 통으로 더럽게 추했다…….

묘사가 장황하면 할수록 읽는 게 지루했고, 상상을 방해받기 싫어 읽지 않고 건너 뛰기 일쑤였다. 인물 묘사도 마찬가지였다. 나는 굳게 마음먹었다. 만약 내가 이야기를 창조한다면 다르게 하리라. 그림으로 표현할 수 있는 건 그림으로, 할 수 없는 것만 글로 쓰리라!

숙소에 책상이 없을때

침대에 맡에 무릎을 꿇고, 기도하는 자세로
푹신하니 재미도 있고, 괜히 경건해지기도 내서 좋다
단, 세탁비를 물어줄일 안생기도록 잉크/물감 각별히 조심!

잃고
길을, 지갑을, 여권을, 표를
잊고
시간을, 지명을, 이름을
놓치고
버스를, 기차를, 비행기를
책망하고
나를, 나를, 나를

싱거운 장난

　왼쪽 인물은 오랜만에 등장한 어머니의 아바타. 오른쪽은 런던 시내에 관한 해박한 지식으로 능숙하게 어머니를 안내하고 있는 나의 모습? 그랬으면 좋겠지만 그 반대다. 나는 지도를 펼치고 길 찾는 시늉을 하고는 있지만, 실은 실없는 장난을 치는 중이다. 들고 있는 지도가 런던 지도가 아니라 세계 지도다. 당시에 길을 헤매면서 모두들 짜증이 나 있던 참이라, 어머니는 나의 장난을 받아 줄 기분이 아니셨다.

　공간 지각 능력이 남들보다 결코 떨어지지 않는다고 자부해 왔지만, 나는 두 갈래 길을 만나 오로지 직감으로 판단해야 하는 상황이 오면 반드시 틀린 길을 골라 온 이력이 있다. 그렇다면 예감이 오는 길의 반대 방향을 택하면 되지 않느냐고? 다 해 봤다. 그러나 그 과정에서 어떻게 머리를 굴리든 간에 나는 반드시 잘못된 길로 들어선다. 이런 패턴을 긍정적으로 받아들일 수 있게 해 주는 유일한 생각은 '그래, 적어도 운동은 되잖아.'뿐이다. 튼튼한 하체를 가진다는 게 얼마나 큰 복인지 상기하는 것이다. 눈치가 빠른 사람들은 알아챘겠지만, 옆 그림에 잘 묘사가 되어 있듯 나는 하체만큼은 축구 선수 안 부러울 만큼 튼튼하다.

잃은 길 또 잃기

길눈이 밝은 사람, 가령 우리 형 같은 사람과 여행을 하면 모든 게 편해진다. 나의 뇌를 통째로 위탁하고, 전적으로 수동적인 모드로 따라다니기만 하면 된다. 이왕 판단을 맡긴 만큼 어설픈 간섭은 금물이지만, 가끔 답답할 때가 있긴 하다. 믿고 맡겼는데 아무래도 길이 찾아지지 않을 때면, 나라도 나서야 하는 것 아닌가라는 오판을 내리기도 한다.

벨기에의 브뤼셀Brussel에서 아무 준비 없이 나섰다가 목적지인 만화 박물관을 끝내 찾지 못하고 같은 동네를 빙빙 돌았을 때가 바로 그런 경우에 해당한다. 처음에는 기세 좋게 형이 든 지도를 빼앗아 당당히 앞장을 섰다가(왼쪽 아래), 길을 잘못 들어 버리고(오른쪽 중간), 결국 제자리에 돌아오는 우를 범하고 만다.(왼쪽 중간)

형에게 주도권(과 지도)을 다시 내줘야 했던 건 당연하다. 모든 일이 그렇지만, 여행에서 가장 현명한 태도는 자기의 한계를 빨리 인정하고, 그것을 보완해 줄 방법 또는 사람을 찾는 것. 그리고 한번 맡겼으면 끝까지 초연하게 내맡기기!

히치하이크

이탈리아 여행을 해 본 사람은 누구나 느끼겠지만, 영어를 할 줄 아는 것은 길을 잃었을 때 별로 도움이 되지 않는다. 게다가 당신이 길을 잃은 곳이 대도시가 아니라 근교라면 사정은 더욱 나빠진다.

대학 시절 누나와 이탈리아 배낭여행 중이었다. 굳이 친절하지 않아도 관광객들이 줄어들지 않아 불친절하기로 마음먹은 시민들, 소매치기들, 시끄럽고 무모한 모터사이클 운전자들로 우글거리는 로마 시내 여행을 아무 탈 없이 잘 마친 우리. 로마 근교에 위치한 숙소로 돌아가는 버스 번호를 헷갈려하는 누나에게 큰소리를 쳤다. "내가 다 안다, 이 버스가 틀림없다, 나만 믿어라." 또 그놈의 감을 믿었던 것이다. 감은 늘 거짓말을 하고 나는 늘 속아 넘어갈 준비가 되어 있다.

차창 밖으로 익숙하지 않은 풍경들이 펼쳐지고, 생전 처음 듣는 지명들 사이에서 버스 기사가 종점을 알리자, 나는 길을 완벽히 잃었다는 걸 시인할 수밖에 없었다. 괜히 나 때문에 고생길로 들어선 누나는 차라리 실컷 욕을 퍼부어 주었으면 좋겠다는 내 죄스러운 마음을 읽었는지, 도리어 한마디도 하지 않고 나를 더욱 전전긍긍하게 만드는 고단수를 두었다. 난국을 돌파할 해결책도 누나가 내놓았다. 히치하이크였다.

길을 잃었던 날 저녁 ''

나라는 인간이 얼마나
약한 존재인가 새삼스럽게
깨달았다!

몇 번 시도 끝에 이건 내가 할 수 없는 일이란 걸 깨달았다. 내가 봐도 밤중에 덩치 큰 외국인 남자만큼 차에 태우기 꺼려지는 존재도 없을 것 같다. 나란 존재는 계속해서 짐만 되고 있었다. 길가의 덤불 뒤에 나를 적당히 숨기고, 누나는 결국 차를 한 대 세우는 데 성공했다.

트리니다드 토바고 Trinidad and Tobago 출신의, 40대 중반으로 보이는 아주머니였다. 소탈한 성격의 풍채 좋고 영어까지 능통한 사람이었는데, 단 한 사람의 선행으로 인해 특정한 나라에 대해 무조건적인 호감이 생기는 게(그 역도 성립하겠지만) 어떤 건지 그때 알았다. 목적지에 다다랐을 때 우리는 어떻게 밤중에 낯선 사람을 태워 주기로 결심할 수 있었는지 그녀에게 물어보지 않을 수 없었다. 자기도 젊었을 때 그렇게 길을 잃은 것이 생각났을 뿐이라고, 그녀는 대수롭지 않다는 듯이 대답했다. 길을 잃으면 한 가지가 분명해진다. 우리는 서로에게 의지해서 살아가고 있구나. 아니, 내가 당신들에게 의지해서 살아가고 있구나.

쓰라린 분실

사진기라는 물건은, 보통 고가라서 그렇기도 하지만 그 속에 보관된 기억들의 대체 불가능성 때문에 여행 중에 잃어버려서는 안 되는 물건 1위로 꼽을 수 있다. 영국의 하이드 파크Hyde Park에서 가족끼리 오붓한 시간을 보낼 때만 해도 공원을 자유로이 노니는 청둥오리와 청설모 들이 그렇게 귀엽고 사랑스러울 수 없었다. 그러나 공원을 벗어나 횡단보도에 섰을 때 우리는 한낮의 꿈결 같은 기분에서 확 깨어났다. 카메라 담당자가 불분명하게 지정되어 있었다는 걸 뒤늦게 알아차린 나와 형은 누가 먼저랄 것 없이 우리가 머물렀던 벤치를 향해 뛰었다. 뛰면서 상기했다. 걱정 마, 그래 신사의 나라라며, 5분도 채 지나지 않았어, 그 자리에 있을 거야…….

그러나 카메라는 어디에도 보이지 않았다. 소중히 쌓아 온 기억들이 통째로 증발해 버린 것이다. 평소 소지품의 소재에 관해 엄격하신 아버지께서 어쩐 일인지 그날은 전혀 화를 내지 않고 딱 한마디 하셨는데, 그게 아직도 기억에 남는다. "하나를 잃었으면 됐지, 다섯 가지를 더 잃진 말자." 그리고 전 가족이 이상하리만치 훈훈한 분위기 속에 식사를 하러 갔다. 그렇다. 출혈이 있을 때는 일단 틀어막는 것이 급선무다. 철철 흐르는 피를 바라보고 괴로워하고만 있으면 생명까지 위험해질 테니. 그날 카메라를 찾아 공원을 헤맸던 형과 나는 이날의 에피소드를 종종 회상한다. 우리는 카메라가 분실됐음이 분명해진 순간 그 귀엽던 청설모와 청둥오리 들이 돌변해 우리를 비웃던 게 틀림없다는 데 의견의 일치를 보곤 한다.

다행히 아직까지 화첩을 잃어버린 적은 한 번도 없다. 워낙 신중에 신중을 기하여 짐을 쌀 때 가장 중요한 물건으로 분류하는 등 특별 취급을 하기 때문일 수도 있겠지만, 운도 많이 따랐던 것 같다. 여행 그림은 디지털 사진과는 달리 백업을 쉽게 할 수 없기 때문에 원본 취급에 각별한 주의를 요하고, 그래서 어쩌다가 괜찮은 그림이 그려졌다 싶으면 훼손이 될까 봐 여간 신경 쓰이는 게 아니다.

사람들이 갖은 고생을 해서 일궈 낸 노력이 집약적으로 담긴 물건들이 있다. 노트북, 카메라, 필름, 스케치북, 수첩, 원고 뭉치 등…… 그게 무엇이든 간에, 그런 소중한 물건을 분실했다는 이야기를 듣는 것만으로도 심장이 내려앉는다. (물론 사람이 안전하면 그것만으로도 지극히 감사한 일이다. 사람이나 건강을 잃는 것은 상상조차 하고 싶지 않다.)

기억을 다루는 물건을 잃어버리면, 그 기억이 어렵게 쌓아 온 것일수록, 또 세상에 하나밖에 없는 것일수록 인간이 감당할 수 있는 범위를 넘어서는 상실감이 찾아온다. 직접 겪지 않았는데도 이렇게 공포감이 들 정도니 아마 그런 일이 나에게 발생하면, 이렇게 회고할 힘조차 없을 것이다. 상실을 극복하고 새로 시작하는 사람들의 이야기는 그래서 말할 수 없는 감동을 준다. 가령 오지 탐험 촬영을 마친 후 돌아가는 배가 침몰하여 테이프가 물에 잠겨 버린 촬영 팀의 이야기를 들은 적이 있다. 그들이 그 후에 어떤 행동을 취했는지는 모른다. 데이터를 복구할 수 있었는지, 재촬영을 할 수 있었는지, 아니면 그 부분을 포기해야 했는지, 어떤 쪽을 택해야 했든 간에 그 상실을 삼켜 낸 혹은 견뎌 낸 그들에게 경의를 표한다. 그와 비슷한 모든 상실을 겪은 다른 이들에게도.

한 연구에 따르면 상실을 겪었을 때 누군가와 함께 그 슬픔을 애도할 수 있으면 점진적으로 치유가 되지만, 함께 공유할 상대가 없으면 결국 트라우마가 돼 버린다고 한다. 실수와 어리석음, 후회와 상실을 어느 정도 동반할 수밖에 없었던 많은 여행의 끝에 그래도 이 정도로 기억의 조각들이 잘 남아 있고, 이렇게 웃을 수 있는 것만으로도 얼마나 다행인지 되새기지 않을 수 없다.

그림여행에서 저지를수있는 5大 바보짓

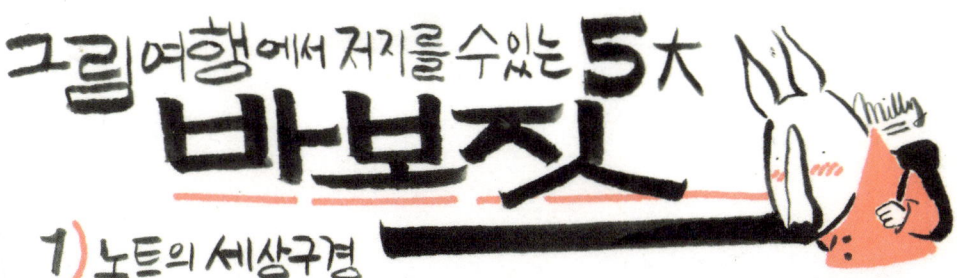

1) 노트의 세상구경

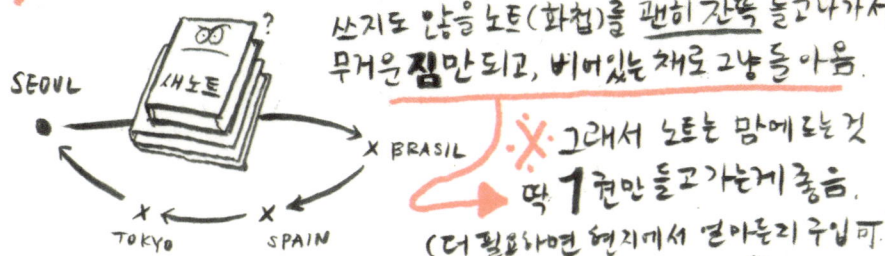

SEOUL · 새노트 · X BRASIL · TOKYO · X SPAIN

쓰지도 않을 노트(화첩)를 괜히 잔뜩 들고나가서 무거운 짐만되고, 비어있는 채로 그냥 들고옴.

X 그래서 노트는 맘에드는것 딱 1권만 들고가는게 좋음. (더 필요하면 현지에서 얼마든지 구입可)

2) Ink 쓰기

아무리 뚜껑을 꼭 닫아도, 비닐봉지에 잘싸도 잉크는샌다.
여행을 즐기려다 완전 망칠수도!!
그래서 색연필, 마카, 수채화가 낫다.

이렇게 망친 옷가지도상당함

3) 굳이 '간지' 내기

전형적인 '여행느낌'을 일부러내려고, 커피를 억지로 흘리거나, 뻔히 종이가있는데 굳이 아까운 냅킨에다 그리는 행동.
(커멉게 바출순있지만, 그림은 정직한게 최고)

4) 소유욕에 눈멀기 ←→ (5) 지나친 자선사업

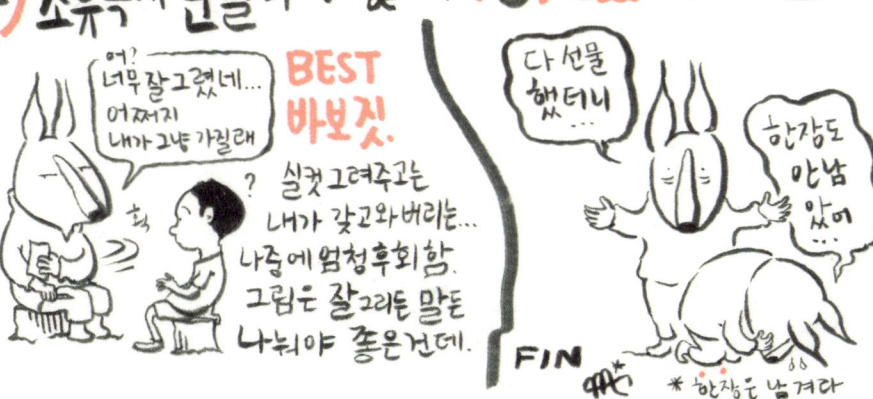

어? 너무잘그렸네... 어쩌지 내가 그냥 가질래

BEST 바보짓

? 실컷 그려주고는 내가 갖고와버리는... 나중에 엄청후회함. 그림은 잘그리든 말든 나눠야 좋은건데.

다 선물 했더니....

한장도 안남 았어...

FIN

* 한장은 남겨라

흥분했다가

소매치기와 싸우고 인종 차별에 발끈하고 사기꾼들에게 시달리고…….
약속을 밥 먹듯 어기는 문화에 울며 겨자 먹기로 적응하느라 지친 심신.
숙소 침대에 누워 잠을 청해도 가라앉지 않는 흥분을 그림으로 달래 볼까?
미운 인간, 분한 일을 땔감으로 그림 욕구를 활활 타오르게 해 볼까?

자만

그때 그 순간의 상황이 조금만 다르게 전개됐다면 지금 이렇게 웃으며 회고할 수 없는 일들이 있다. 여행자를 노리는 범죄에 노출된 경험이 전혀 없는 여행자는 손에 꼽을 만큼 드물 것이다. 난 소매치기를 여러 번 당했다. 내 주머니 속으로 손이 쑥 들어오는 촉감의 기억은 아직도 소름끼칠 정도로 생생하다. 어쩔 수 없는 일들이야 그렇다 치더라도 자만심 때문에 발생하는, 피하려면 피할 수도 있었던 사건들을 생각하면 지금도 가슴을 쓸어내리게 된다.

페루의 수도 리마에는 도시 전경을 볼 수 있는 전망대가 있다. 우리로 치면 남산 타워 같은 곳인데, 구 시가지 중앙에 위치한다. 구 시가지, 즉 '센트로 리마Centro Lima'는 외국인들은 물론 현지인들도 경계를 늦추지 않는 우범 지대이다. 크고 작은 범죄가 끊이지 않기 때문이다. 특히나 전망대가 있는 산동네 주위로는 슬럼이 형성되어 있기 때문에 외국인은 물론 현지인도 여간해선 접근하지 않는다. 전망대 관광 코스도 버스를 타고 슬럼가를 지나쳐 전망대만 보고, 다시 버스를 타고 내려오는 식이지 중간에 내리는 관광객은 없다.

나와 내 친구는 이미 리마가 익숙해진, 말하자면 '초보 운전' 딱지를 뗀 시기였고 (다시 말해 사고 치기 딱 좋은 시기였고) 한국에서 온 친구에게 새로운 구경도 시켜 줄 겸 함께 그곳을 찾게 되었다. 구경은 잘 했다. 그다음이 문제였다. 슬슬 자만심이 발동하기 시작한 것이다. 남자 두 명이 있어 든든하다는 생각, 아직 해가 떠 있다는 생각, 올라오면서 버스 차창 밖으로 보인 거리 풍경이 슬럼가 치고는 상당히 안전하고 평온해 보인다는 생각에 위험한 판단을 내리고 말았다. 좋아, 걸어서 내려가자, 분위기 봐서 괜찮으면 사진도 찍고.

내가 자신 있게 제안하자 모두 큰 의심 없이 나를 따랐다. 처음에는 다들 단단히 경계를 해서 괜찮았다. 곧 인적이 드물어지고, 주위에 딱히 위험 요소가 없는 듯 느껴지자 한국에서 온 친구는 조심스레 사진기를 꺼내 한두 컷 찍기 시작했다. 슬럼가 특유의 이국적인 풍광에 사진 욕구가 이는 것도 무리는 아니리라. 빨래를 널어 놓은 일상의 소박한 풍경을 찍고 있었던 것 같다. "와, 예쁘다. 색깔 봐……." 친구는 감탄사를 연발했다. 내가 앞장을 서고, 친구가 사진을 찍고 그 뒤를 다른 친구가 따라오는 식이었다.

그렇게 10분쯤 걸었을까, 갑자기 뒤에서 소리가 났다. 골목에서 튀어나온 남자가 친구 손에 든 카메라를 덮친 것이다. 나는 반사적으로 그에게 달려들었다. 잠시 몸 싸움이 벌어졌고, 내가 남자를 거리 쪽으로 밀쳐 냈다. 그는 술이나 약에 취한 상태인지 몸을 가누지 못하고 넘어졌다. 모든 게 순식간에 벌어졌다. 나는 고함을 지르며 그를 위협했다. 우리가 그렇게 호락호락하지만은 않다는 걸 보여 줘야 한다는 생각이 들었던 것 같다. 사람들이 하나둘 모여들었다. 얼른 도망가야 할 타이밍이었다. 카메라를 뺏길 뻔한 친구는 그 남자가 카메라 줄을 심하게 당겨 목에 쓸린 자국이 났지만 크게 다친 곳은 없었다. 우리는 후환이 두려워 초조한 잰걸음으로, 뛰고 싶은 마음을 가까스로 억누르며(뛰면 만만하게 보고 더 쫓아오지 않을까 하는 두려움 때문에) 공포 속에서 시내까지 내려왔다. 그 남자가 흉기라도 들었다면, 생각만 해도 끔찍하다. 내려오는 길 내내 우리는 서로 한마디도 하지 않았다. 어디서부터 잘못됐는지 너무나 잘 알고 있었기 때문이다. 예로부터 비극에 일가견이 있던 그리스 사람들은 모든 비극의 원인을 하나로 꼽는다. 히브리스 Hybris. 그리스어로 '자만'이라는 뜻이다. 나 역시 비극의 패턴을 답습했던 것이다. 다행히 그때는 행운이 따라 무사히 위기를 넘겼지만, 그런 행운은 두 번 오지 않을 것이다.

느긋한 일반화

남미에 살았고, 남미 친구들이 많다는 점 때문에 그들에 대한 성급한 일반화에 쉽게 동의하지 못할 때가 많다. 예를 들어 남미인들은 모두 시간 관념이 철저하지 못하다는 인식이 지배적인데 이는 편견이다. 요즘은 풍토가 많이 달라져서 오히려 '남미 타임'을 염두에 둔 외국인들이 약속에 늦을 때도 많다. 경제 불황과 세계화의 영향인지 그들도 날이 갈수록 우리처럼 너무 빡빡하고 바쁘게 살고 있어 때로는 그 특유의 느슨한 문화가 그리울 정도다. 그러나 이건 인정한다. 아무리 변화가 있어도 남미에선 무슨 일이든 빠듯하게 계획을 잡아 놓으면 대가를 치른다는 것.

유네스코 세계 문화유산으로 지정된 에콰도르의 고도 키토Quito처럼 여행자들로 가득 찬 국제적인 도시도 마찬가지다. 나였다면 절대 그런 일은 하지 않았을 텐데, 일행이 남미를 너무 만만히 봤던 것 같다. 내가 없는 사이에 빨래방에 빨래를 맡기고 내일 아침에 찾기로 한 것이다. 아침 버스를 타는데 아침에 빨래를 찾는다니! 불길한 조짐을 감지하고 당장 빨래방의 전화번호를 눌렀다. 주인은 이미 퇴근을 한 상태. 첫, 퇴근은 칼이군! 수소문 끝에 주인의 핸드폰 번호를 알아내 통화에 성공했다. 거듭 당부했다. 우리는 내일 아침 일찍 멀리 떠나야 하니 꼭! 제시간에 갈 수 있도록 해 주십사, 재차 간청했다. 잠자리에 드는데 마음이 편하지 않았다.

아니나 다를까, 다음 날 아침 예정된 시간이 코앞인데 가게 문은 굳게 잠겨 있었다. 여러 번 전화를 건 끝에 통화에 성공. 주인 아주머니 말로는 지금 가는 길인데 '오늘따라' 출근길이 막힌다는 것. 약속 시간은 이미 지났다. 초조감을 이기지 못하고 10분 간격으로 전화를 했다. 금방 간다, 바로 앞이다, 거의 다 왔다는 대답을 귀가 따갑도록 들은 끝에, 거의 40분이 지나서야 저만치에서 느긋하게 웃으며 걸어오는 아주머니. 화를 낼 시간도 없이 서둘러 돈을 치르고 터미널로 달려갔다. 가까스로 버스는 놓치지 않았지만, 그날 뺀 진땀을 생각하면 때로는 성급한 일반화가 여행에는 도움이 될 수도 있겠다 싶다.

CALAÍS

화풀이

　화가 나는 일에 대처하는 방법에 관한 한 내가 남들에게 조언을 할 입장은 아니지만(나는 은근히 다혈질이다.) 그림을 그리는 사람으로서 한 가지 팁이 있긴 있다. 여행 중에 생기는 작은 화나 짜증에 상당한 효과가 있으니 알아 두면 요긴하다. 이름하여 '그림으로 화풀이하기'! 프랑스 서부 칼레Calais에서 영국 도버Dover로 넘어가는 페리에서 있었던 일이다. 항구도 날씨도 그림처럼 아름다운 날이었다. 그러나…….

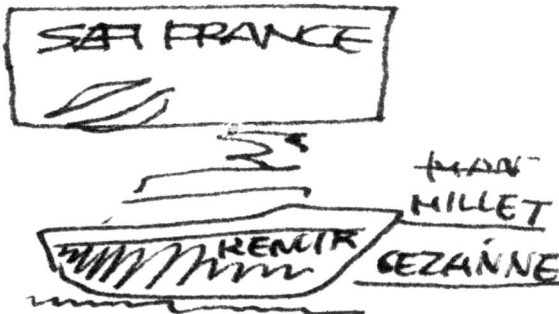

거친 파도에 마구 흔들리는 페리 안에서는 가만히 앉아 있기도 고역이었다.

안 그래도 속이 뒤집히는 판에 웬 거만한 덩치가 나타나 말도 안 되는 요구를 하는 것이었다. 신용 카드를 빌려 달라는! 그걸 말이라고 하나? 어리숙해 보이는 외국인이라고 허튼수작을 거는 게 분명했다.

이런 못된 괴한 같으니. 받아라, 회심의 응징을……!

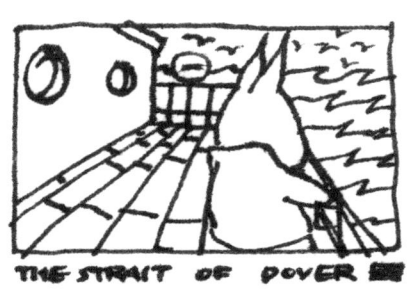

그렇게라도 한 방 날리고 나니 마음이 편해졌다.

　여담이지만, 그 괴로운 항해를 마치고 도버 항에 도착했을 때는 비가 쏟아지고 있었다. 형과 나는 비바람을 뚫고 캔터베리행 기차편을 찾아 인적이 드문 항구 도시를 헤매고 다녔다. 저녁나절에 도착한 숙소에서 내가 '화풀이 그림'을 그렸을 때 우린 그림을 보며 밤새 낄낄거릴 수 있었다. 그림이 화를 풀어 준다기보다, 그림을 보고 누군가와 함께하는 낄낄거림이 나쁜 감정을 완전 연소시키는 것 같다.

언제 그랬냐는 듯

사소한 일에 낄낄거리자.
아무 의미도 없는 낙서를 하자.
잡생각에 파묻히자.
써먹을 수도 없는
괴상한 아이디어들을 수집하자.
빠져 보자.
잔재미에.

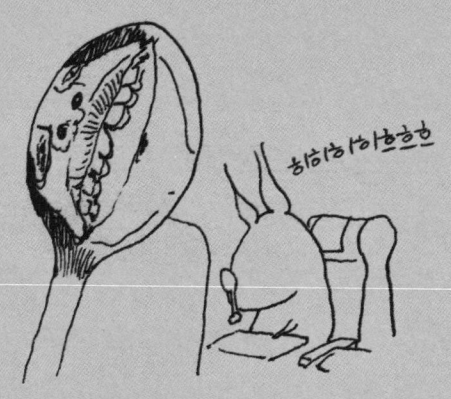

비행기 안에서 심심할 때 혼자 놀기.
잔재미로 시간 때우기.

한가롭게 목욕을 즐기면서, 한국에서 뼈 빠지게 일하고 있을 형에게
염장 지르는 편지 쓰기.

인도네시아에서 사타구니에 습진이 걸린 형의 걸음걸이 흉내 내며 놀리기.

Weihnachtbaum
지리대

이 혹은 속기서도 대
걸이 파느라른 직접 흐누
빌.1떡어야되나 그
때께물은다언?

혹한이 강타한 독일. 그 추위에 기어이 수제 파스타를 해 먹겠다고 낑낑대며 면 뽑기.

풀 한 포기 없는 생태 보호 구역에서 의아해하기. 사막 생태인지, 이름뿐인 전시 행정인지.

빈 공간이
있다고

불안해할
필요는 없다.

종이가 있다고 꼭 뭘
그려야하는 건 아니다.

부담가질 필요는 조금도 없다.

안 그리기.

옆자리의 마술사

아름다운 해변과 서핑으로 유명한 해안 도시, 페루 북부의 피우라Piura로 가는 길이었다. 버스 옆자리가 비었길래 짐을 풀어 놓고 편하게 가려는데 출발 직전 한 사내가 그 자리에 앉겠단다. 깡마른 체격에 얼굴엔 작은 상처가 여럿 나 있고, 마치 마약을 한 듯 좀 풀려 있지만 어딘가 날카롭게 빛나는 독특한 눈매의 젊은 사내였다. 직업이 마법사라면서 자신을 소개하는데 잘못 들었겠거니 하고 흘려 넘겼다.

사내가 자꾸 말을 걸어왔다. 읽고 있던 소설책에 열중하려다가 파나마에서 왔다는 이야기에 솔깃해 몇 마디 나누게 되었다. 자기는 원래 유명 서커스단 소속으로 페루인이 아니라 파나마 사람인데 얼마 전 남미 순회공연을 마치고 잠시 휴가차 이곳에 왔다가 하도 심심하고 할 일도 없어 버스 안에서 공연이나 한번 할까 한다며, 유럽 순회공연도 얼마 남지 않았는데 연습 삼아 잘됐다는 것이다.

허풍으로 들렸다. 그렇게 대단하다면서 왜 그런 행색에 이 저렴한 버스 공연으로 푼돈이나 챙기려 하는지 의문이 들었다. 나의 빈정거림이 바깥으로 새어 나가지 않도록 주의하면서 슬쩍 물어보았다.

"아, 그렇다면 돈을 엄청나게 버시겠군요?"

"뭐, 불만은 없습니다."

말을 마치기가 무섭게 사내는 벌떡 일어나 떠들썩하게 승객 혹은 관객 들에게 인사를 했다.

"신사 숙녀 여러분, 안녕하십니까! 마법의 시간에 초대합니다!"

공연은 거침없이 전개되었고 나는 내 눈을 의심해야 했다. 바로 앞에서 벌어지는 일들인데 도저히 믿기지가 않았다. 신문지를 마구 갈겨 찢고는 그걸 다시 뭉친 다음 쫙 펼치는데 모두 멀쩡하게 이어져 있는 게 아닌가? 1미터도 안 되는 거리에서 눈을 부릅뜨고 어떤 속임수를 쓰나 매처럼 노려보고 있는데도! 그뿐 아니라, 신문지에 물을 잔뜩 뿌리고 감쪽같이 흔적 없애기, 승객의 안경을 감추고 말도 안 되는 곳에서 꺼내기, 물체를 튜브에 통과시켜 사라지게 만들고 승객의 주머니에서 꺼내기 등 그냥 두 손 두 발 들어 버렸다. 이게 만약 속임수라면 속임수와 마술은 뭐가 다른 것이며, 이 인간의 손재주의 한계는 어디까지란 말인가? 일개 시외버스 마술사가 이 정도라니! 아니면 정말로 순회공연이 허풍이 아닌 숨은 고수, 간달프 같은 '진짜 마법사'였단 말인가? 버스 통로를 부지런히 돌아다니며 몇 푼 쥐어 줄 때마다 곰살궂게 인사하는 모습엔 간달프의 위엄이 없었지만 어쨌든 놀라운 몇 분이었다. 물리에 관한 견고한 상식들이 일시에 흔들리는 경험이었다. 그래, 마술이라는 건 믿음에의 배반이라지 않던가. 존경을 담아 정중하게 명함을 청했다. 과연 명함도 근사했다.

어떤 이는 여행을 하며 풍경을 만나고 어떤 이는 사람을 만난다. 인연을 만들어 가는 능력은 언어 능력과 비례하지 않는다. 여행이 만나게 해 준 이들을 그려서 선물한다면 선물하는 쪽이든 받는 쪽이든 한쪽은 오래 간직하리라. 그 무엇으로도 대체할 수 없는 유일한 만남의 기록을.

페루에서의 여덟 밤
Ocho Noches en Perú

김한민

hanmin Kim

20·3

아이들

나는 동화를 쓰기도 하지만 사실 아이들을 그리 좋아하지 않는다. 아니, 정확히 말해 아이를 많이 가린다고 해야 할 것이다. 조용한 아이, 어리숙한 아이, 혼자 노는 아이, 어른 도움 없이 뭔가 해 보려고 낑낑거리며 애쓰는 아이들이 좋다. 그런 아이라면 그 누구보다도 좋다. 신기하게도 남미를 가면 그런 애들과 심심치 않게 마주친다. 그것도 길거리에서. 페루 우아라스의 산골 마을을 지날 때도 등에 나무토막을 이고 가는 두 아이를 만났다.

그 나무를 잠깐 들어 봐도 되겠느냐고 물으며 말을 텄다. 그림에서는 별로 무거워 보이지 않지만, 실제로 들어 보니 충분히 건조되지 않은 목재라 수분을 머금고 있어 무게가 상당히 나갔다. 두 아이는 형제간으로 함께 학교 가는 길이었다. 내 어린 시절에도 학교에서 폐품 수집을 시키는 바람에 무거운 폐품 꾸러미를 들고 등굣길에 나서던 기억이 선하다. 폐품 수집 날만 되면 아이를 학교 정문 앞까지 자가용으로 데려다 주는 부모들이 많았는데, 나는 그 광경을 부러움 반, 멸시 반의 감정으로 바라보곤 했다. 솔직히 말하면 나는 폐품을 왜 수집하는지 그 이유도 몰랐다. 무조건 많이 가져가면 선생님께 칭찬을 받을 수 있다는 생각으로 낑낑거리며 등교했을 뿐. 맹목적이던 나와는 달리, 이 아이들은 학교에 나무를 들고 가는 이유를 놀랄 만큼 정확히 알고 있었다. 학교에서 점심밥을 지어 먹어야 하는데, 땔감을 살 돈이 없기 때문에 학생들이 돌아가며 각자 집에서 공수해 간다는 것.

나는 당장 학교 측에서 참 해 주는 것도 없다는 생각이 들었는데 이들은 아무런 불만도 없는 담담한 표정이었다. 나무가 무겁지 않느냐고 물었다. 둘이서 번갈아 들긴 하지만, 자기가 더 많이 든다는 형의 설명이다. 가능하면 동생한테 짐을 안 지우려는 아이가 얼마나 어른스러워 보이는지…… 우리는 곧 갈림길에서 헤어져야 했다. 인사를 나누고 잠시 맡았던 장작을 돌려주자, 아이는 익숙한 동작으로 어깨에 짊어졌다.

스티브 잡스는 등교하는 아이들의 책가방이 너무 무거워 보여 아이패드를 개발하게 되었다고 한다. 부모의 차를 태워 주기에 잠깐만 걸어도 되는 아이들의 어깨에 짊어진 책가방도 안쓰러운 판에, 몇 킬로미터의 산길을, 그보다 더 무거운 가방도 모자라 땔감까지 짊어진 아이들을 위해서 우리는 무엇을 개발해야 할까?

제3세계에 인터넷을 보급하고 선진국과 개발 도상국의 디지털 기술 격차를 줄이는 것, 굉장히 중요한 일임에는 분명하다. 그러나 지구상의 모든 아이들의 손에 디지털 통신 기기들이 쥐어지는 시대가 밝은 미래 같지는 않다. 물론 제3세계의 아이들도 게임기와 아이패드 등에 열광하겠지만(대도시에 사는 아이들은 이미 그러고 있고) 적어도 내가 겪은 아이들, 그런 첨단 기기의 존재조차 모르는 아이들은 놀이 발명의 천재들이었다. 그들의 천재성이 인터넷이나 게임 따위로 퇴색되거나 획일화되지 않기를 간절히 바란다. 그들이야말로 우리의 스승이기 때문이다.

경쾌하고 리드미컬한 흑인 음악 '봄바Bomba'로 유명한 에콰도르 북부의 작은 마을, 초타Chota에서 아이들의 이런 천재성을 엿볼 수 있었다. 인터넷도 없는 이 마을 아이들은 놀이를 창조하는 능력을 잘 간직하고 있었다. 폐타이어를 가지고 굴렁쇠를 만들어 경주하는 멋진 놀이. 나도 시도해 봤으나 상대도 되지 않았다.

많은 새터민 아이들을 가르쳐 본 한 선생님에 의하면, 북한 아이와 남한 아이의 가장 큰 차이점은 자연에서 놀 줄 아느냐의 차이라는 것이다. 시골에 놀러 가면, 남한 아이들은 대체 뭘 하면서 시간을 보내야 할지 모른다는 것. 반면 북한 아이들은 열매도 따고, 곤충도 잡고, 새도 따라다니고, 식물로 공작도 할 줄 알고, 나뭇가지와 돌멩이 등으로 금방 놀이를 발명할 줄 안다. 나만의 놀이법을 만들 줄 아는 것, 그게 얼마나 중요한 일인지 우리는 너무 늦게 깨닫는다.
그림 그리기는 수많은 놀이법 중 하나일 뿐이다.
나 역시 어릴 적 무궁무진했던 놀이법들을 다 잊어버리고 하나만 간신히 유지해 온 셈이다.

carreras de l

사람을 본다는 것, 그린다는 것

가령, 그려 보겠다는 생각 없이 한 여성을 만났다고 하자. 내가 그녀에게 상당한 호감을 느끼지 않는 한, 그녀와 헤어지면 제대로 기억나는 게 없다. 모든 게 대충 기억날 뿐이다. 그러다 시간이 지나면 그녀는 잊힌다. 그러나 그림을 그리겠다고 생각하면 달라진다. 무슨 색깔의 옷을 입었는지, 말을 하면서 손을 많이 쓰는지, 손은 큰지 작은지, 손마디는 어떤지, 목선은 곧은지 구부정한지, 눈을 쳐다보며 말하는지, 웃을 때 손으로 입을 가리는지, 실내에서 외투를 벗는지 그대로 입고 있는지, 가방을 무릎에 껴안고 있는지, 질문을 받을 때와 할 때의 표정은 어떻게 다른지…… 하나하나 관심을 가지고 보게 된다.

관찰들을 종합해 그림에 반영하는 건 아니다. 이미 그림은 그려진 셈이다. 흔히 어떤 영화를 평할 때, 이 작품은 어떤 특정한 인물을 훌륭히 '그려 냈다'고 표현하곤 하는데, 바로 그때의 그림이 내가 말하는 그림이다. 나는 매우 넓은 의미로 그림이라는 말을 쓰고 싶다. 꼭 연필을 들지 않더라도 그림은 그릴 수 있는 것이다. 무언가를 면밀히, 주의 깊게 보는 것. 이것이 지나치면 강박이 되겠지만, 자연스럽게 연습이 된다면 나중엔 의식하지 않아도 영상 기억력의 초점이 또렷해짐을 느낄 수 있다.

한 컴퓨터 공학자는 이런 말을 했다. 뇌의 정보 처리 과정을 한마디로 표현하자면, 그것은 '효과적인 정보 손실 프로세스'라고. 정보의 대홍수 속에서 잘 잊어버리는 건 정말 중요한 능력이다. 그런데 정작 대화 상대를 앞에 두고, 쉴 새 없이 끼어드는 중요하지도 않은 메시지와 전화에 응답하랴, 잡을 필요도 없었던 다음 약속 때문에 끊임없이 시간을 확인하랴, 어디를 가든 주의를 끄는 모니터에서 드라마나 스포츠 경기를 틈틈이 체크하랴…… 결국 가장 중요한 걸 잃는다. 눈앞의 사람을.

나 역시 그런 사람이었다. 현재를 희생하며 미래를 위해 바쁘게 사는 게 잘 사는 거라 생각했다. 다행히 그림 습관이 현재에 더 집중할 수 있게 해 줬다. 지금은 사람을 만나면 웬만해선 핸드폰을 손이 안 닿는 곳에 둔다. 그리고 그 사람을 본다. 즉시 응답해야 할 정도로 급박한 일은 적어도 나에겐 없다. 심지어 누군가의 부음이라 할지라도 1시간 전에 전해 듣는다고 막을 순 없는 일 아닌가? 세상에 그렇게까지 24시간 대기 중이어야 할 직업은 많지 않은데도 우리는 출장도 아니고, 여행을 가면서까지 로밍 서비스를 받아 간다. 그게 이상한 행동인지 의식조차 못하고 자발적으로 스스로를 얽매인 존재로 만들어 간다. 우리에게 당장 필요한 것은 그래서, 손으로 그리는 그림 이전에 눈으로 그리는 그림이다.

우리가 보는 것은
우리가 주의깊게 보는것
뿐이다

보다는것은,
거리를 두고 소유하는것.
(Avoir à distance)

- 메를로-퐁티

그 사람을 잘 그리기 위해 관찰한다기보다 그 사람을 잘 관찰하기 위해 그림을 그린다.

나의 가장 친한 페루 친구 훌리오의 딸들.

왼쪽부터 아스트리, 케렌, 다밀리아, 그리고 뾰로통한 가니아.

이 책을 가장 먼저 선물하고 싶은 아이들.

케렌은 훌리오의 딸들 중에서도 나를 가장 잘 따른다. 귀여운 앞니.

페루의 카하마르카Cajamarca에서 만난 가이드. 저서까지 낸 박식한 노인이다.

하품

볼리비아의 고산 지대 마차에는 매년 5월 이상한 축제가 열린다. 마을 대항으로 성인 남자들끼리 주먹싸움을 벌이는 것이다. 때로는 여자들도 참가한다. 유혈이 낭자할 때까지 계속되는 이 폭력적인 축제는 오랜 전통을 자랑하기 때문에 볼리비아 당국에서도 금지하지 못한다. 이름하여 '틴쿠Tinku 페스티벌'. 토속어인 케추아Quechua 언어로 틴쿠란 '대면하다'는 뜻이다. 굉장히 거친 대면을 하는 셈이다.

다큐멘터리 촬영 팀의 통역을 맡아 이 먼 곳에 도착해, 숙소에 여장을 풀고 한숨 돌리고 있는데 벽에 걸린 달력이 눈에 들어온다. 틴쿠 축제를 홍보하는 2012년 달력. 디자인이 자못 화려하다. 형형색색이란 말이 부족할 정도로 현란한 색의 향연이다. 안데스 사람들은 어찌 이리도 색의 사용에 대담할 수 있단 말인가? 낮의 강렬한 태양을 피해 숙소 침대에 누워 넋 놓고 달력 사진을 바라보고 있는데 사진 구석에 있는 아이가 눈에 들어온다. 어라, 이 녀석 봐라? 축제의 한가운데서, 보아하니 어머니가 오늘같이 중요한 날 예쁘게 잘 보이라고 벨트며, 종아리 장식이며, 잘 다려진 셔츠 하며…… 이렇게 정성스럽게 챙겨 줬건만, 입이 째져라 하품이나 하고 있잖아? 이런 고얀……. 그런데 난 왜 너란 녀석이 이렇게 맘에 들까? 그래, 솔직히 어른들이 만든 축제만큼 직접 가 보면 따분하고 지루한 것도 없지. 실은 나도 항상 그랬어. 학교 행사든, 집안 행사든 얼마나 지겹던지. 얼른 끝나기만을, 끝나고 밥 실컷 먹는 시간만을 기다렸지.

노인

아이들과 노인들은 외국인이 말을 걸기에 가장 좋은 상대들이다. 비교적 한가하고, 낯선 사람이 말을 걸어도 크게 의심하질 않기 때문이다.(범죄가 늘어난 요즘은 많이 달라졌지만.) 노인들의 경우 그들의 페이스에 완전히 말려들지만 않는다면 최고의 이야기꾼이 되어 줄 수 있지만, 말을 끌어내기까지는 상당한 노력이 필요하다. 그때 기분에 따라 내키지 않으면 대충 대답하거나 무시해 버리기 일쑤다. 아프리카인들이 어떻게 노예 무역을 통해 에콰도르의 초타 계곡까지 정착했는지 알아보기 위해 인터뷰차 만난 오스왈도Oswaldo 씨. 그는 아보카도 농사를 짓는 농부였다. 논두렁에 앉아 한참 이야기를 나누었는데 동문서답을 하지 않으면 너무 상식적인 말만 짧게 되풀이하는 통에 기대하던 결과를 얻지 못했다. 심신도 지치고 날도 무덥길래 물을 마시며 한 잔 권했더니, 그제야 범상치 않은 한마디를 내뱉는다. "노 그라시아스(No thanks), 난 오로지 맥주만 마신다네."

Mi Nombre es Oswaldo. Soy un Campesino, que tengo un terreno en Valle de Chotas. Tengo tres hijos. El Mayor cumplió 25 años y dejó de estudiar, por que no le gustó. Somos pobres, pero aquí, la vida es tranquilla. Dicen que mis antepasados eran esclavos. Bueno, Ahora somos libres, pero no me interesa mucho a la historia.

어린 것들은 감히 심중을 헤아리거나 예측할 수 없음. 그것이 노인들의 매력이다. 페루의 마누Manu 정글에서 만난 마치겡가Machiguenga 부족의 노인도 예외는 아니었다. 이분에게도 인터뷰를 시도했지만 말수가 너무 적어 일찌감치 포기하고, 대신 낚시하는 모습을 촬영하는 쪽으로 가닥을 잡았다. 그런데 낚시 운도 따르지 않아 고기가 좀처럼 잡히질 않았다. 한참 후에 왜 그런지 물어보니 원래 낮에는 입질을 안 한다는 것이다. 그렇다면 왜 이제야 말씀해 주시냐, 진작 알았으면 이렇게 오래 기다리지 않았을 텐데, 하고 물을 순 없었다. 노인이 촬영진의 기대에 부응해야 할 이유는 없었으니까.

어쨌든 우린 낙담해 버렸다. 이 먼 곳까지 와서 뙤약볕 아래 몇 시간이나 할애하고 아무것도 건지지 못했으니. 작별 인사나 하려고 일어섰다. 대답이 돌아올 것도 기대하지 않고 "그럼 잘 계시고, 건강하세요."라고 말하고 돌아서려는데, 노인이 나를 올려다보며 한마디 던졌다. 그때까지 침묵으로 일관하던 그가 깊고 정이 듬뿍 담긴 눈빛을 반짝이며 딱 한마디.

"언제 또 올 건데?"

그 목소리엔 도시인들에게 익숙한 '언제 한번 보자.'나 '볼 수 있으면 보자.' 식의 무성의한 빈말과는 차원이 다른 진심이 담겨 있었다. 당황한 나는 "아, 네, 가능한 한 빨리 와야죠……."라며 말끝을 흐리고 말았다. 그런데 내 대답을 듣고 노인의 만면에 환한 웃음이 번졌다. 가슴이 아려 왔다. 엄청난 부끄러움에 얼굴이 달아올랐다. 노인의 그 한마디는 '아무것도 못 건졌잖아, 시간만 낭비했어.'라는 건방진 생각이나 품었던 내게, 낯선 사람과의 만남에서 뭐가 중요한지 전혀 깨닫지 못하고 목적에만 집착하고 있던 내게 주어진 과분한 선물이었다. 나중에 방송이 나간 후 많은 이들이 내게 그 노인 이야기를 한다. 다시 마누를 찾을 날이 너무 늦게 오지 않기를. 내가 한 말이 빈말이 되지 않도록.

가족

항해가 가능한 세계에서 가장 높은 호수, 해발 고도 3810미터에 위치한 페루의 티티카카 호에선 사물들의 색깔이 비현실적이다. 그 맑고 청명함이 혼탁한 도시에 사는 사람 눈에는 도무지 현실 같지 않다. 낮의 파란 물 빛깔도, 밤의 별 빛깔도, 갈대로 만들어 둥둥 떠 있는 호수 안의 인공 섬 우로스Isla de los Uros의 풍광도 사진이나 그림으로 재현이 불가능하기는 마찬가지. 이 낯선 공간에 가족과 여행을 왔다. 이런 곳에 온 가족이 와 있다니! 실감이 안 나던 차에 형과 사소한 일로 한바탕 싸우고 나니 꿈에서 깬 듯 금방 현실로 돌아온다. 우리 여섯 식구가 총 출동하면 단체 여행처럼 복작거린다. 한 사람과 조금씩만 얘길 나눠도 하루가 후딱 지나간다. 그 정신없는 와중에 귀한 그림이 그려졌다. 페루식 전통 모자를 쓴 채 갈대 위에서 일광욕을 즐기는 저 당나귀 캐릭터는? 다름 아닌 아버지의 흔치 않은 등장이다. 안데스 경치를 유난히 사랑한 아버지. 여행 마지막 날, 우리가 묵었던 민박집의 가족이 마련한 환송연에서 뜻밖의 활약을 펼치셨다. 주인집 아주머니가 손수건을 사용하는 민속춤 마리네라 Marinera를 선보이며 분위기를 고조시키자, 즉석에서 고안한 게 분명한 독특한 '막춤'으로 화답하신 것. 모두에게 강렬한 인상을 남긴 이 에피소드는 두고두고 회자된다. 역시 좀처럼 등장하지 않는 동생의 모습도 보인다.

서로그려주고
서로에게 실망하기

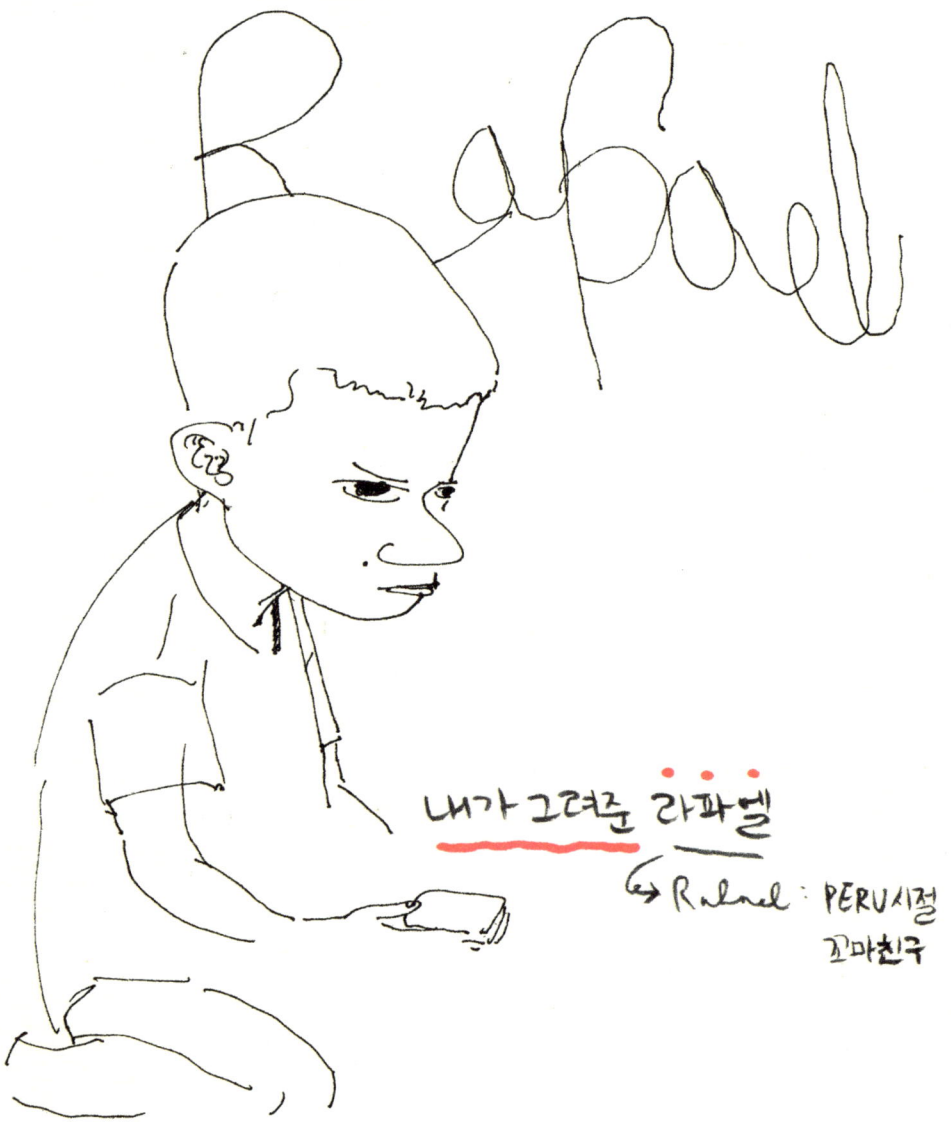

내가 그려준 라파엘
↪ Rafael : PERU시절
꼬마친구

RaMÓN

라파엘이 그려준 나

↖ 내 페루 이름 '라몬'.

그래도 난 제법 닮게 그려줬는데...

이럴수가...

더 따뜻하게

여행자들은 입을 모아 말한다. 여행에서 남는 건 결국 사람이라고. 맞는 말이
지만, 내겐 동물들도 남는다. 고생하는 당나귀, 쓰레기통 속 강아지……. 마
음이 여유로운 여행자는 이 말 없는 존재들의 고통에 평소보다 쉽게 감정 이
입을 하나 보다. 지금도 눈에 밟히는 동물들. 그들도 나란 동물을 기억할까?

나귀 택시

나는 나귀라면 사족을 못 쓴다. 그런데 미안하게도 이 녀석들에게 짐을 잔뜩 지워 버렸다. 촬영 때문이 다. 남미의 스위스라 불리는 페루 우아라스의 산악 트 레킹에는 나귀들이 짐꾼으로 동원되는데, 이 장면이 여행 프로그램 시청자들에게 이국적이고 흥미롭게 보일 건 틀림없었다. 곧 세 마리의 나귀가 '섭외'되었다. 나귀 몰이꾼Ariero의 설명을 들어 보니 그나마 한 마리당 30킬로그램 이상의 짐은 지우지 않는 내규가 있다고는 하는데 정확히 재는 것 같지도 않고 그 무게만 해도 상당했다. 떠날 채비를 위해 등 에 짐을 싣는 와중에 나귀 한 마리가 탈출을 시도했다. 잠시 한눈을 파는 사이에 종 종걸음으로 도망치는 녀석을 나귀 몰이꾼이 얼른 쫓아가 다시 끌고 왔다. 너무 쉽게 잡혀 오는 꼴이 귀여우면서도 안쓰러웠다.

이 날의 죄책감이 계속 남아 귀국 후 인터넷 검색을 해 보니 국제 나귀 보호 협회 The Donkey Sanctuary라는 단체가 있었다. 전 세계적으로 혹사당하는 나귀들을 보호하 고 이미 혹사당해 버려진 나귀들이 여생이나마 편히 쉬다 가도록 돕는 사람들의 모 임이었다. 앞으로 이곳을 후원하기로 결심했다. 내가 괴롭힌 나귀들에 대한 미안함 의 표시로.

미안하다. 나귀야.

세자르와 친구들

    페루의 마누 정글에서 만난 스물두 살의 세자르Cesar란 친구는 정말 멋진 녀석이
다. 처음에는 동물 농장을 운영한다길래, 야생 동물을 이용해 푼돈이나 버는 그렇고
그런 장사치로 예상했는데(사기를 많이 당해 보면 사람이 이렇게 의심이 많아진다.) 직
접 방문을 해 본 그의 농장 '두 마리 앵무새가 사는 마을'은 그렇게 얄팍한 곳이 아
니었다. 동물들이 목줄도 없이, 우리에 갇혀 있지도 않고 자유롭게 드나드는 참으로
신기한 장소였다. 게다가 내가 너무나 좋아하는 남미 동물인 코아티coati(코가 뾰족한
너구릿과 포유류)가 세자르에게 애교를 부리며 칭얼대지를 않나, 정글 멧돼지 종류
인 페커리peccary가 강아지처럼 졸졸 따라다니질 않나…….

동물과 인간의 느슨하면서도 조화로운 관계가 어찌나 부럽던지! 이 동물들은 야생이라고 하기엔 우리 집 강아지보다도 훨씬 말을 잘 듣고 있었다. 흥미로운 점은 세자르가 모든 동물들을 풀어 기르고 절대적인 자유를 보장하는데도 불구하고, 동물들이 한번 자연으로 나갔다가도 때가 되면 애인을 데리고 돌아오는 등 '친정집'을 절대 잊지 못한다는 점이다. 정말 애니메이션에서나 나올 법한 얘기가 아닌가.

(4 toes → FRONT
(3 " → back

TAPIR

눈길 위로

독일의 어느 혹독한 겨울날, 나는 평생 잊지 못할 하나의 위로를 받았다. 그 위로를 건넨 이는 사람이 아니었다. 크리스마스 마켓이 화려하기로 소문난 뉘른베르크Nürnberg의 전혀 화려하지 않은 뒷골목을 쏘다니고 있었다. 역설적이게도 너무나 추웠기 때문에 밖으로 나왔다. 스산한 거리였지만 인적이 없진 않았다. 맞은편에서 키 큰 사내와 비글을 닮은 강아지가 걸어오고 있었다. 나를 지나치면서 그 강아지가 뒤를 돌아보았다. 주인이 걸음을 멈추었다. 강아지가 나를 응시했다. 나는 강아지를. 유럽의 개들이 어떤지 알 것이다. 유럽의 개들은 행인에 관심이 없다. 아시아의 개들이 주의가 산만하고 외부 요인들에 잘 반응하는 반면, 유럽의 개들은 개인주의를 체득했다. 그런데 이 개는 나를 뚫어져라 응시한다.

물리적으로 1분도 안 되었을 그 시간에 강아지는 마치 사람이란 존재를 처음 본다는 듯한 시선을 던졌다. 내가 봐 줄 만한 존재라는 것을, 코를 씰룩거려 줄 만한 생명체라는 것을 긍정하고 있었다. 그 어떤 인간도 내게 이토록 절실한 눈빛을 보낸 적이 없었다. 거부할 수 없는 따스함이 가슴에 번지고 있을 때, 주인은 강아지의 목줄을 당겨 걸음을 재촉했고, 나는 그 잠깐의 시간이라도 허락한 주인의 관용에 감사를 표하고자 눈인사를 하려 했다. 그러나 주인은 어느새 고개를 돌려 버리고 나의 인사는 그의 등에 닿아 미끄러졌다. 그래서 내 기억에는 끝까지 뒤를 돌아보며 내게서 눈을 못 떼던 강아지의 모습만 남았다. 낯선 사람을 그렇게 빤히 쳐다볼 수 있는 존재는 아이와 동물밖에 없으리라. 옷깃만 스쳐도 인연이라 했는데, 스쳐 지나간 눈빛 하나가 이렇게 큰 위로가 될 수 있다는 걸 미처 몰랐다. 그 추운 겨울날을 나는 그 눈빛을 땔감 삼아, '마음 - 난방'을 때면서 견뎠다. 그 어떤 미녀가 나에게 눈길을 던졌어도 그보다 강렬할 순 없었으리라.

나의 아들 치시토

치시토Chisito, 지금도 너를 추억한다.

페루 북부 사막 도시 치클라요Chiclayo에 체류할 때였다. 저녁 7시쯤, 콤비Combi라고 부르는 봉고차를 타고 유치원이 있는 큰길에서 내려 귀가하는 길. 날이 좀 흐렸다. 비도 올 것 같아 집에 가서 옷만 갈아 입고, 약속 장소에 갈 생각이었다. 열 걸음도 채 가지 않았는데, 웬 검은 물체가 가로수 근처, 쓰레기 봉지를 몇 개 기대 놓은 가장자리에서 움직이고 있었다. 쥐가 아닐까 생각하며 자세히 살펴보니 강아지였다. 아주 짧고, 바랜 듯한 갈색빛 털을 지닌 동물이 쓰레기 봉지 주위를 배회하며 떨고 있었다. 그 저녁이 유난히 춥긴 했다. 주위를 둘러보니, 주인으로 보일 만한 사람이 없었다. 저만치에서 행인이 몇 명 지나갔으나, 길이 워낙 넓어 이 작은 점 같은 생명체는 눈에 띌 수 없었다. 나도 그냥 지나쳤다.

지금 바쁜데 할 수 없잖아. 누가 데려다 보살펴 주겠지. 한 달 안으로 이사 갈 공산이 크고, 개를 돌볼 처지가 아니야, 그러면 개도 불행해질 거야, 등등…… 꺼림칙했지만 내 상황을 돌아보며 떨쳐 버렸다.

He was there.

나는 그날 집 계약 문제로 누군가를 만나야 했다. 내가 봐 둔 집의 전 세입자, 뤼크 Luc라는 프랑스인이었다. 집세가 비쌌기 때문에, 무턱대고 계약을 하기 전에 그 집이 과연 그만큼의 돈을 지불하고도 살 만한 곳인지, 내가 바가지를 쓴 것은 아닌지 확인하고 싶은 심산이었다. 결과적으로 그를 만나 내가 그보다 더 비싼 가격에 제안받았다는 사실을 알아냈다. 물론, 그동안 가구 몇 개가 추가되긴 했지만 말이다. 기분이 썩 좋진 않았지만 어쨌든 나는 그 집을 원했고—나는 내가 뭔가를 원하면 이렇게 집착한다는 걸 처음 알았다.—이 정보를 이용해 얼마라도 깎아야겠다는 생각을 하며 귀가했다. 머릿속은 집 생각뿐이었다. 암만 생각해 봐도 비싸다는 점 하나를 제외하곤 그보다 맘에 드는 집이 없었다. 공간은 널찍하지만 맨 꼭대기 층(4층)인 데다 천장이 낮아서 썰렁하지 않고, 바닥은 카펫이 깔려서 청소하긴 좀 힘들겠지만 추운 바닷바람에도 견디기 훨씬 수월할 것이고, 가구나 주방 기기도 완비되어 있어 살 필요도 없고…… 여러모로 마음에 쏙 들었기 때문에 이 집을 1년간 차지하고 싶다는 욕망이 완전히 뿌리를 내리고 있었다. 좋다. 내일 주인 아줌마를 다시 만나는 거다. 머릿속으로 그녀와의 대화를 상상하며, 협상에 성공해 100달러 이상을 깎는 모습을 그려 보았다. 상상 속의 나는 멋졌다. 나에게 유리한 조건으로 노련하게 그녀를 유도해 가는 나. 신이 났다. 이 기쁨을 나눌 식구가 있다면 얼마나 좋을까? 집에 돌아와 어두운 방에 작은 침대 등 하나만 켜 놓고, 연거푸 이 상상에 몰두해 있었다. 그 순간, 번개처럼 뇌리를 스치는 것이 있었다. 그 강아지.

3초도 고민하지 않았다. 왜냐하면, 그 강아지가 바들바들 떨고 있는 영상이 내 뒤통수를 때렸기 때문이다. 강아지를 넣어 오기 좋은 주머니가 달린 점퍼를 걸치고 집을 나섰다. 주위는 어두웠다. 잘됐다. 보는 사람이 없겠어. 공연히 개 도둑으로 오인받을 필요는 없잖아. 걸음을 재촉했다. 그런데 그 쓰레기 더미 주위와 도로에는 개미한 마리 안 보였다. 찻길 쪽을 살폈다. 괜히 죽어 있으면 진짜 미안해지는데. 다행히 찻길에 사체의 흔적은 보이지 않았다. 다행스러웠고 조금은 실망스러웠다. 그래, 나름 살아남는 재주가 있겠지……. 그렇게 뒤를 돌아본 순간 기절할 뻔했다. 사체 같은 게 발끝에 채었다. 두려움에 제대로 쳐다볼 수가 없었다. 잠시 심호흡을 하고, 마음을 가라앉히고 발밑을 자세히 들여다보았다. 양말 쪼가리였다. 바보. 괜히 혼자 드라마 찍지 말란 말야. 얼을 놓고 있다가 지나가는 택시에 치일 뻔했다. 그렇게 몇 분간 주위를 두리번거렸다. 없어. 그런데 왠지 이 작은 녀석이 멀리 가지는 않았을 거라는 직감이 들었다. 쓰레기 더미를 발로 건드려 보았다.

헤헤, 그러면 그렇지. 검은 물체는 여전히 바들바들, 어쩔 줄 몰라 하며 커다란 쓰레기 봉지 사이 비좁은 틈에서 몸을 떨고 있었다. 주위를 한번 둘러보고 아무도 없음을 확인한 후, 강아지에게 접근했다. 혹시 이 녀석이 미친 개라면 어쩌지? 영화를 보면 괴롭힘을 많이 당해서 도와주려는 사람을 해치려는 동물들 많이 보잖아. 손을 뻗어 보았다. 강아지는 경계하듯 뒤로 몸을 뺐다. 누구나 개에게 다가가는 식으로 손가락을 요리조리 놀려 가며 혀를 톡톡 차는 소리를 냈다. 그러자 이 강아지, 너무도 쉽게 반응을 보였다. 꼬리를 막 흔드는 게 아닌가. 사랑스러워 기절할 뻔했다. 이젠 더 이상 볼 것도 없었다. 확 집어 들었다. 생각보다 가벼웠고 밑이 축축했다. 도시인 특유의 결벽증 때문에 조금 꺼림칙하긴 했지만, 지금 그런 걸 따질 때가 아니라고 혼잣말을 하며, 점퍼 주머니 속에 녀석을 찔러 넣었다.

그날 밤, 강아지를 씻기고 포근한 안식처를 마련해 주면서 녀석이 내 옆에 쌕쌕거리며 잠이 든 새벽녘까지 얼마나 행복했는지, 그 기분을 말로 설명하긴 힘들다. 사진을 몇 장 찍어 보려고도 했지만 그만두었다. 집, 돈, 계약, 가격 후려치기 따위의 생각에 각박함 일변도로 치닫고 있던 내 욕망 기계의 틀에서 잠시 빠져나와 인생에서 우연히 마주친 동료와의 행복한 시간. 이 소중한 순간을 그림으로 몇 장 남겼다. 며칠 후, 도시 근교에 집이 있어서 갖가지 동물(닭, 소, 칠면조, 개, 야생 새, 돼지, 기니피그 등)을 잘 키우는 친구 집에 이 녀석을 맡기기로 했다. 나는 집을 자주 비우기 때문에 강아지에게 안 좋을 것 같았고, 가장 어리고 귀여울 때 선물해야 사랑도 많이 받을 테니. 녀석의 이름을 친구의 어린 딸이 지어 주었다. 어떤 과자의 이름을 따서, 강아지는 그날부터 치시토가 되었다.

mi chisito.

7년 후

내가 페루를 떠나기까지 그 1년 동안 치시토는 아주 늘씬하고 멋진 개로 성장했다. 너무 바쁜 탓에 드물게 방문하는 나를 여전히 잊지 않았음은 물론이다. 나의 친구는 미혼에다 아이도 없는 나에게, 치시토가 아들이 아니겠느냐고 말했다.

그리고 7년 후, 페루를 다시 방문했을 때 나는 친구의 집을 찾았다. 치시토는 더이상 이 세상 강아지가 아니었다. 옆집 닭을 사냥하려다 주인 아저씨의 엽총에 다리를 맞았다고 했다. 치시토를 정말로 나의 아들처럼 여겨 준 내 친구의 극진한 간호 덕분에 1년 후쯤 완치가 되었는데, 이 녀석이 몸이 회복되자마자 지체 없이 다시 닭 사냥에 뛰어든 것이다. 이번에는 총알이 심장을 관통했다.

그래, 치시토. 나의 아들답다.

그렇게 기죽지 않고, 포기하지 않고 장렬하게, 너답게 살다 죽었구나.

편히 쉬기를.

Chisito. lindo.

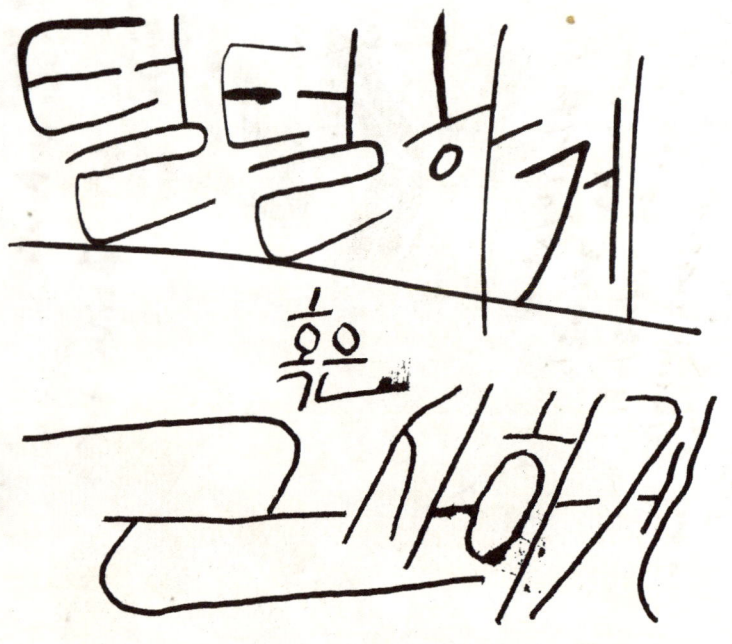

털덜하게 혹은 근사하게

겨우 1박 2일 엠티를 와서 온수 샤워를 못한다고 투정 부리는 사람과는 어울리지 말 것! 여행지에 와서 편의 시설이나 음식 등에 쉽게 불만을 품는 건 안타까운 일이다. 마음을 닫으면 아무리 좋은 곳을 가도 무덤덤할 뿐이지만, 마음을 내면 가장 사소한 일, 가장 초라한 곳에서 근사한 추억이 탄생하는 법.

쥐

    나는 아마도 하엔Jaen이란 곳에 최초로 입성한 혹은 장기 체류를 한 한국인일 것이다. 그곳은 페루 중북부 정글 지대의 작은 시골 마을로 설명을 하자니 정말로 이렇다 할 특징은 없지만, 나에겐 특별한 기억이 서려 있는 곳이다. 나의 평생 친구가 된 홀리오Julio 때문이다. 그와 나는 페루에서는 꽤 큰 축에 속하는 치클라요라는 상업 도시 소재의 기술전문학교에서 처음 만나 알게 된 직장 동료였다. 그도 나만큼이나 일을 사랑하고 열정적인 선생님이었지만 서류 처리 능력이나 처세 능력에서 동료들에게 밀려 얼마 후 외딴곳, 하엔 분교로 배정을 받고 말았다. 가족과 떨어져 시골로 부임해야 하는 시련의 시기가 온 것이다. 그의 고통을 조금이라도 덜어 주고 싶어, 나는 하엔을 방문하기로 마음먹고 출장 건을 만들어 냈다. 기술 수준이 낙후된 분교에 최신 전자 제어 기술을 보급하는 4주짜리 교육 프로그램을 기획하여 학교 측으로부터 승인을 받은 것이다. 나의 방문 소식을 듣고 홀리오는 뛸 듯이 기뻐했다. 나는 한 달간 그와 숙식을 같이하며 분교 학생들은 물론 지역 정비사들에게 최신 기술을 가르치는 임무를 띠고 7월의 어느 날 하엔을 향하는 고속버스에 몸을 실었다.

산 넘고 물 건너 도착한 하엔 분교의 시설은 열악하기 그지없었다. 제대로 된 문도 갖춰지지 않은 가로로 긴 정방형의 창고형 시멘트 건물 하나가 전부였고, 구식 디젤 엔진들과 실습용 책상들만 몇 개 덩그러니 놓여 있었다. 그 한쪽 구석을 천막으로 적당히 가린 곳에서 홀리오는 침대도 없이 낡은 매트 하나만 깔고 자고, 작은 버너에 요리한 고열량 저영양의 볶음 요리들로 끼니를 때워 가며 숙식을 해결하고 있었다. 정글이라 모기가 극성을 부리는데 모기장 하나 변변히 없었다. 다행히 내가 챙겨 간 것이 있어 함께 썼다.

우리는 아침에 일어나자마자 제대로 씻지도 못한 채 이미 우리 방의 문간, 아니 (그들로서는) 학교에 등교한 학생들의 출석을 부르면서 하루를 시작했고, 점심 식사를 계란 프라이 따위로 대충 때워 가며 저녁 7시가 되어서야 한숨을 돌리곤 했다. 하루가 어떻게 갔는지 모를 만큼 정신없이 바쁜 일과였다. 우리의 유일한 해방구는 오토바이 타기였다. 오토바이를 유난히 사랑하던 홀리오가 주로 앞에 타고 나는 그의 뒷자리를 얻어 탔다. 하엔 읍내를 뱅뱅 돌며 우리는 머리카락을 흩날리는 바람을 만끽했다. 후텁지근한 날씨에 선풍기 하나 없는 곳이라 그렇게라도 한순간 시원함을 느낄 때면 날아갈 듯한 기분이 되곤 했다.

이미 결혼해서 딸이 둘인 훌리오는 나보고 결혼을 서두르라고 닦달했다. 여자 구경을 시켜 주겠다며 지나가는 여자마다 가리키며, 저 여자는 어떠냐고 물어봤다. 말만 하면 자기가 바로 소개시켜 줄 수 있다는 자신에 찬 말투였다. 반면 나는 자신감이 바닥을 치던 때라 도저히 내키지 않았다. 단짝 친구와 동네를 돌아다니며 시시껄렁하게 노는 것만으로도 충분히 만족스러웠다. 방금 전까지 학교에서 근엄하게 학생들을 가르치던 선생 둘이서 이렇게 노는 걸 알면 학생들이 뭐라고 여길지…… 어쩐지 주위 시선에 대한 걱정은 당시에 전혀 하지 않았다. 아무튼 하루의 스트레스를 날려 주곤 하던 꿈 같은 시간들은 너무도 짧아서, 우리는 7시 50분까지 곧장 학교로 돌아와야 했다. 직장인들(현직 정비사들)을 위한 교육 프로그램에 임해야 했기 때문이다. 모든 일정을 마무리하고 나면 자정에 가까웠다. 우리는 쓰러지듯 잠들었다.

지금 생각하면 잠자리는 상당히 불편했다. 시트는 낡을 대로 낡아서 군데군데 스프링이 튀어나와 있었고, 분명히 모기장을 쳤는데도 밤새 모기들이 귓가를 맴돌았다. 게다가 새벽녘이 되면 수상한 소리가 들려왔다. 훌리오는 머리맡에 아예 엽총을 장전하고 잠들었다.

소리의 주인공은 쥐였다. 사람의 머리맡을 태연히 지나갈 정도로 대담한 녀석들이었다. 쥐의 존재 자체는 너무 많아서 어찌해 볼 도리가 없었다. 어차피 함께 사는 거니까. 하지만 한두 마리도 아니고 식량 창고 주위를 배회하는 것도 모자라, 근처에 쌓아 둔 식기들을 쓰러뜨리는 지경이 되자 쉽게 깊은 잠에 드는 훌리오조차 짜증을 못 참고 총알을 날려 버렸다. 쥐의 비명 소리와 함께 사방으로 도망가는 소리가 들렸다. 화약 냄새가 진동했다. 못해도 예닐곱 마리는 있었던 모양이다. 시체 처리는 내일 아침에 하자며, 훌리오는 다시 누웠다. 나도 내키진 않았지만 위생 감각이 피로를 이길 만큼 대단하진 않아서, 그대로 곯아떨어졌다. 그러나 다음 날 아침, 나는 기겁을 하고 말았다. 전날 사살한 쥐 때문이 아니었다. 눈을 비비며 화장실에 들어선 순간, 변기통 안에 쥐가 있는 게 아닌가! 너무 놀라서 그 자리에 얼어붙어 버렸는데, 더 끔찍한 것은 그 녀석이 날 보고 놀라 변기통의 물속으로 잠수를 해서는 마치 용변이 쏙 빨려 들어가듯 변기 구멍 안으로 도망쳐 버린 것이다! 아, 이제 찜찜해서 어찌 저기 앉아 일을 본단 말인가!

지금 그 힘들었던 때로 다시 돌아가라면 갈 수 있을까. 그러나 그 시간들이 아니었다면 나와 훌리오의 우정이 지금처럼 두텁게 다져졌을지 모르겠다.

배낭족

스치기만 해도 냄새가 풍길 정도로 아무렇게나 하고 다니는 여행 생활자들. 주위를 조금도 의식하지 않는 진정한 배낭족들. 내가 소매치기일지라도 절대 노리고 싶지 않은 그들의 행색. 아무 곳에서나 편히 잠들 수 있고, 아무 음식이나 기쁘게 먹을 수 있고, 아무 데나 철퍼덕 앉아 기타를 연주할 수 있는 사람들. 낯선 사람과 말을 트는 데 신중하지 않으며, 새로운 친구를 사귀는 데 거리낌이 없는 사람들. 그에 비하면 나는 여행자라고는 하나 전혀 열려 있지 않다. 이국에서는 그 노력이 대부분 부질없다는 걸 알면서도 어떻게든 계획을 세우려 노력하고 상황을 통제하려고 애쓰는 보수적이고 소심하고 소극적인 성향의 여행자이다. 고국에서는 만사를 제치고 바깥으로 나갔다는 사실 자체만으로도 '자유로운 영혼'이라느니, 말도 안 되는 수식어가 붙기도 하지만 막상 세계를 돌아다니다 보면, 여행만큼 흔하고 일상적인 삶의 방식도 없다는 걸 알게 된다. 동시에 여행의 방식에 있어서도 우리 대부분은 얼마나 소극적인 여행을 택하는지, 얼마나 주위와 동화되지 못하고 우리의 구미에 맞는 것만 골라 배타적으로 취하려고 하는지 그 유연성과 자유도의 협소함도 실감하게 된다. 참으로 신기하다. '난 정말 아무것도 아니었구나!'라는 깨달음이 사람을 초라하고 서글프게 만드는 게 아니라, 반대로 소탈한 만족감을 느끼게 해 줄 수 있다는 사실.

이름을 아는 거의 유일한 메뉴

스스로 장점을 꼽으라면 나는 뭐든 가리지 않고 맛있게 먹는 능력를 꼽고 싶다. 채식을 선호하게 된 이후로 좀 까다로워지긴 했지만, 나는 여전히 뭐든지 맛있게 잘 먹는다. 그렇다고 식도락가 체질은 전혀 아니라서 음식에 관해서라면 별로 아는 것도 그림도 거의 그린 게 없지만 유독 이 음식만은 제법 자세히 기록으로 남아 있다. 쌀밥을 찾게 되는 한국인 여행자에게 좋은 모로코Morocco 음식 '쿠스쿠스Couscous'. 좁쌀 비슷하게 생긴 것이 꼬들꼬들하니 씹는 맛이 좋는데, 사실은 밀가루 음식으로 크기가 작은 파스타의 일종이란다. 파리에서 처음 먹어 보고 그만 반해 버렸다.

아침 식사 포함

장점을 하나만 더 꼽아 볼까? 작은 것에서 큰 기쁨을 뽑아내는 능력이다. 가령, 아직도 가게에서 새로 나온 시리얼을 발견하면 다음 날 아침 먹어 볼 생각에 소풍을 앞둔 초등학생처럼 내일이 기다려진다. (한번은 이 얘기를 친구에게 했는데 싸늘한 반응이 돌아와서 웬만하면 꺼내지 않는다.) 그런 면에서 내가 꼽는 여행의 별미 중 별미는 뭐니 뭐니 해도 느지막이 일어나 숙소 식당에서 한가롭게 즐기는 아침 식사이다. 아무리 쪼들려도 한 번쯤은 아침 식사가 포함되는 숙소를 잡는다. 웨이터가 가져다주는 정형화된 메뉴보다는 골라 먹을 수 있는 뷔페식이 좋다. 투자 대비 효과가 상당히 크다. 두 시간 정도 느긋하게 식사를 즐기면 하루 일과를 끝내 버린 기분이다.

식당

항상 너덜너덜하게 싼 것만 찾는 것, 가난하게 고생하면서 다니는 것에만 어떤 진정성이나 깊은 의미가 있다고 생각하는 것만큼 촌스러운 사고방식도 없다. 핵심은 어떤 특정 가치에 얽매이지 않는 것이지, 즐김의 다양성을 배제하는 게 아니다. 여건만 된다면, 그 나라 최고의 음식이나 문화를 경험하는 것에 절대로 주저해서는 안 된다. 나는 빚을 내서라도 하고 싶은 건 해 봐야 한다고 생각한다. 실제로는 그렇게 배짱이 좋진 않지만 생각만은 그렇다는 말이다.

그럼에도 가난한 떠돌이 작가가 일류 레스토랑에 가 본 것은, 부끄럽게도 부모님과 동행할 때뿐이었던 것 같다. 근사한 저녁 식사 한 끼 정도 부모님께 대접해 드려도 모자랄 판에 아직도 얻어먹기나 하다니 한심한 노릇이다. 어쨌건 좋은 식당을 상당히 여러 군데 다닌 것 같긴 한데 식사에 관한 그림은 이것뿐이다.(비싼 돈 들여 배불리 먹여 놓았더니 숙소에 돌아와 그림 한 장 안 그리고 식충이처럼 잠만 잤나 보다!) 인도네시아 족자카르타Djokjakarta에서 온 가족이 라이브 음악을 들으며 한가롭게 술잔을 기울이던 한때. 나는 식당에서 연주나 공연을 하면 가능한 한 가수를 등지고 앉으려 하는데, 이번에는 그러지 못했다. 누군가 열심히 노래를 하는데 밥을 먹고 있으면 어쩐지 무시하는 것 같아 밥이 잘 안 넘어가기 때문이다. 형은 늘 나에게 "넌 즐길 줄 모른다."라고 핀잔을 주는데 부정하기 힘든 말이다.

명승지

딱히 흥미도 없고 전형적인 관광 코스라 피하고 싶지만 어쩔 수 없이 한 번은 가
보게 되는 곳들이 있다. 가령 에펠탑이나 루브르 미술관의 모나리자 방 같은 곳이
그렇다. 내 눈으로 굳이 확인하고 인증 사진을 찍어 가야 직성이 풀리는 심리를 이
해하기 힘들다. 나도 그곳들에 갔지만 대부분 아무것도 느끼지 못하고 곧 돌아서서
나왔다. 그래서 그림도 남기지 않았다. 내 그림들에는 그런 명승지들이 거의 그려져
있지 않다.(그래서 오른쪽 낙서는 이 책을 쓰면서 시큰둥한 기분으로 10년 전의 기억을
떠올리며 그려 본 것.) 가끔은 내가 에펠탑을, 루브르를 그린다면 어떻게 그릴지 궁금
하다고 말하는 사람들이 있다. 궁금해해 줘서 고맙긴 하지만 내가 할 말은 한마디밖
에 없다. 아무 느낌 없음. 그것들이 그냥 거기 있더라. 끝.

란젠두성의...

대작

멋진 예술 작품을 보고 큰 감동을 받았다 해도 인간이 표현할 수 있는 감탄의 말들은 극히 한정적이다. 오, 멋지다, 크다, 잘 만들었다, 좋다, 책에서 보던 거다, 와…… 등등. 그래서 이럴 땐 어설프게 말로 표현해 감흥을 반감시키기보다 진한 침묵으로 응답하는 것이 적절한 듯하다. 그림을 그리는 방법도 좋겠다. 조용히 침묵하면서, 그것에 대한 경탄을 비언어적으로 표현할 수 있기 때문이다. 그러고 보니 굉장히 유명한 명작을 그린 그림이 딱 하나 남아 있다. 바로 로마 바티칸Vatican의 그 유명한 시스티나 성당Sistine Chapel 천정 벽화이다.

사실 벽화 자체보다는 그 벽화를 그린 미켈란젤로의 이야기에 사람들은 감동을 받는 것이겠고, 나의 경우 그 이야기보다 감동적인 것은 목이 빠져라 천정을 올려다 보고 있는 군중의 모습이다. 아마도 세계에서 단위 면적당 '멍하니 입 벌리고 위를 쳐다보는 사람들'이 가장 많은 곳은 여기가 아닐까 싶다. 나도 그들과 똑같은 포즈를 하고 스케치북을 펼쳤다.

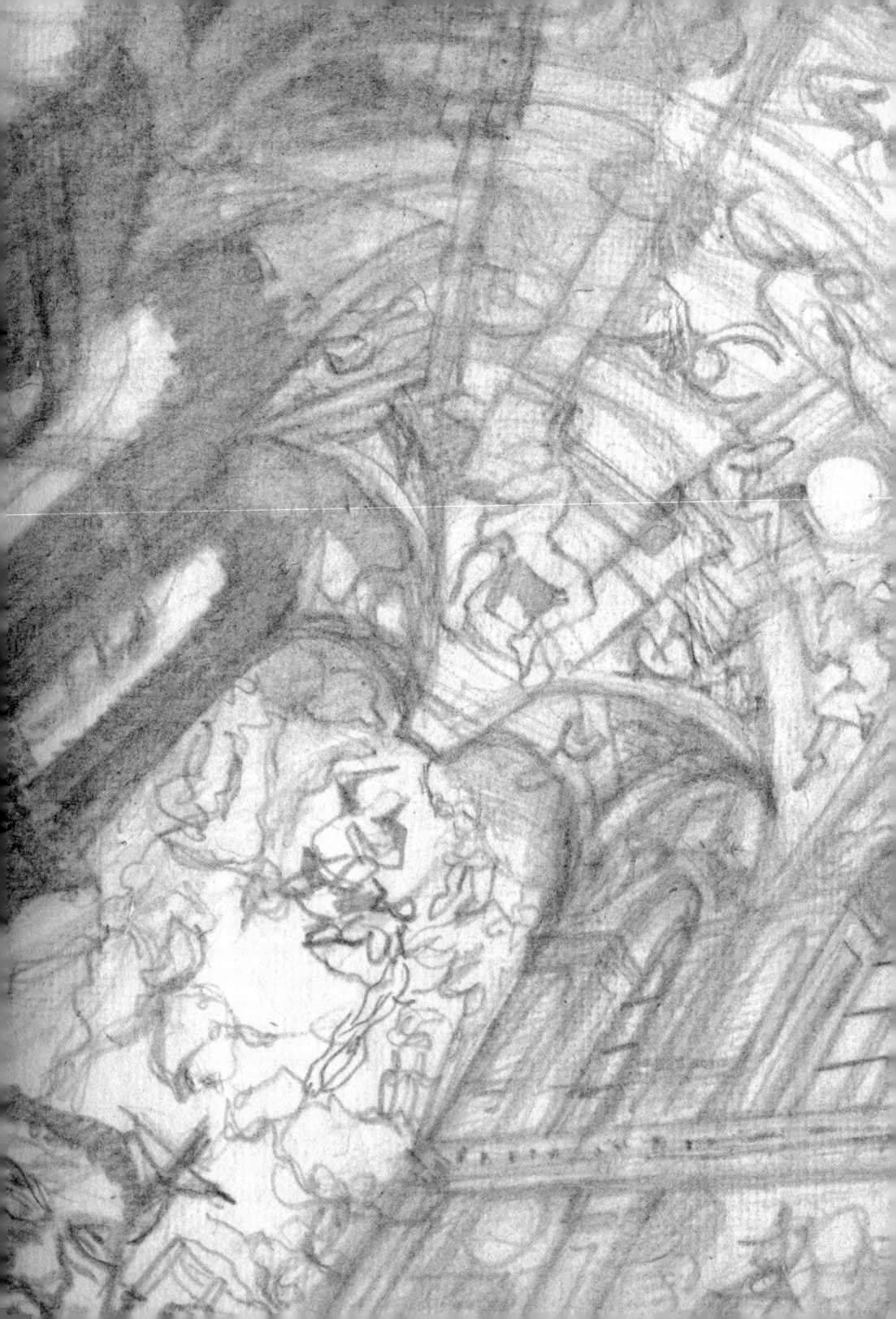

기다림, 기다림, 기다림.
무슨 말이 더 필요하겠는가,
그것은 여행의 전부.

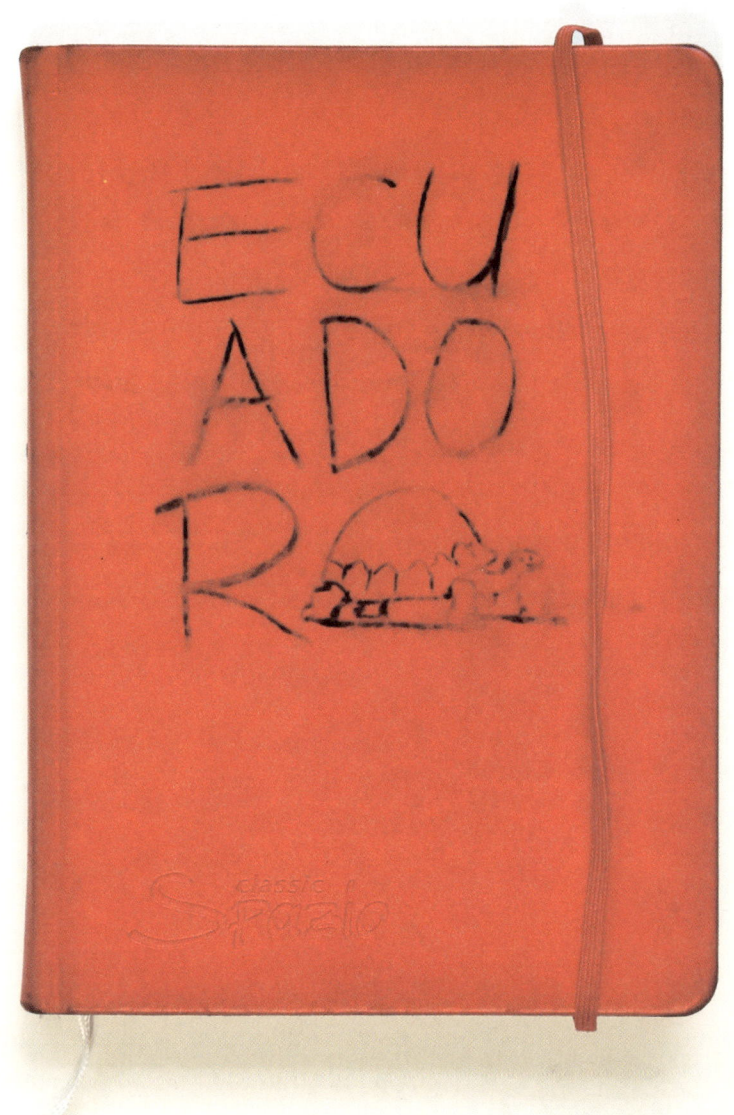

수달의 칼출근?

　동물들에게도 출퇴근 시간이 있다는 걸 처음 알았다. 생각해 보면 당연한 일이다. 불규칙한 생활은 게으른 도시인에게나 어울리지, 계절의 리듬에 맞춰 먹이 찾기와 번식을 게을리하면 순식간에 도태되는 동물들은 대개의 인간들보다 훨씬 성실하고 꾀부리지 않는 삶을 산다. 물론 동물들의 출퇴근 시간이라는 건 옛날 시골 사람들의 약속처럼 느슨해 야생에서 동물을 보려면 기온, 강우, 계절 등 각종 변수들을 모두 감수하며 인내심 있게 기다리는 것 말고는 방법이 없다. 놀라운 건 그럼에도 정말로 칼출근하는 동물들이 있다는 것이다. 숙련된 정글 가이드들은 어느 동물이 대개 어느 시간에 어느 장소에 나타나는지 잘 알고 있다. 페루 마누 정글의 자랑인 희귀 포유류 '자이언트 수달 giant otter'을 보기 위해 하루를 통째로 날리고 체력만 잔뜩 소진해 버린 나는 그다음 날 달콤한 보상을 받았다. 가이드 말을 다시 한번 믿어 보기로 하고 아침부터 서둘러 11시 정각에 도착한 '황소 늪'. 오늘도 최소 다섯 시간은 기다릴 각오를 하는데, 너무도 간단하게 제시간에 출근해 준 수달들을 발견한 것! 겨우 눈앞에 나타난 수달이 행여나 놀라서 도망가 버릴까 함부로 감격하지도 못하고 속으로 소리 없는 환호성을 질렀다.

행운은 계속되어 다음 날 탐험에도 소과 동물인 타피르tapir를 카메라에 담아내는 큰 수확을 거뒀다. 인내심을 발휘한 끝에 맨눈으로 야생 동물들을 대하는 기쁨은 무엇에도 비할 수 없는 희열이다. 어느 정도냐면 그 다가감, 기다림, 발견의 의미에 대해 동화책을 두 권이나 그렸을 정도다. 발견의 기쁨은 스펙터클에 있지 않다. TV 화면과 비교하면 오히려 시시하다. 훨씬 작게, 아주 잠시밖에 보지 못한다. 그 기쁨은 모니터를 통하지 않고 내 몸으로 체험하는, 현대인에게 가장 희소한 직접 경험만이 주는 감동이다. 백'TV'견이 불여일'직'견이다.

정적

　페루의 정글에는 지금도 오래된 생활 방식을 고수하는 마치겡가 부족이 수천 명 이상 거주한다. 그들이 야생 동물을 사냥하고 화살로 물고기를 잡는 모습을 촬영 팀과 함께 화면에 담고 싶어 부족의 한 청년을 수소문해 부탁을 했더니 지금은 건기라 철이 아니란다. 물이 혼탁해 물고기가 보이지 않는다는 것. 그래도 운이 좋을지 모르니 한번 시도나 해 보자고 한다. 그를 따라 카누를 타고 고요한 호수에 도착했다.

　수면의 물고기 그림자를 살피는 청년의 표정이 어찌나 진지한지, 방해가 될까 봐 한마디 말도 못 붙이고 카누 뒷자리에 앉아 숨죽이며 기다렸다. 침묵의 시간이 흘렀다. 시조새를 닮은 열대 조류 호아친hoatzin들이 호수 주위를 날며 날개를 푸드득하는 소리만 간간이 들려왔다. 모자를 썼지만 한낮의 햇살에 오래 노출되니 머리가 멍해져 왔다. 이러다 일사병에 걸리면 어쩐다? 시계를 보니 많은 시간이 흐른 것도 아니었는데 정적 속의 1분 1초가 그렇게 더딜 수 없었다. 청년은 딱 두 번 화살을 쏘았는데, 모두 불발이었다. 결국 그는 고개를 저으며 물이 너무 탁하다고 결론지었다. 사냥은 실패로 돌아갔지만 궁금증 하나는 풀렸다. 화살을 두어 개밖에 들고 가지 않는 걸 보고 의아했던 참이다. 만약 맞추지 못하면 어떻게 할 심산이지? 그렇게 명궁인가? 알고 보니 활로는 수면에 근접한 물고기만 잡을 수 있고, 맞추지 못한 화살은 부력에 의해 떠 버리니 다시 주우면 그만이다. 나는 순진하게도 활이 힘차게 물을 뚫고 내려가 강바닥에 박혀 버릴 줄 알았다. 작은 정보를 얻은 데 만족하니 실망감은 사라지고 풍경이 들어왔다. 목적에 집착하느라 눈앞에 펼쳐진 아름다운 정글을 놓칠 뻔했잖아! 얼른 스케치북을 꺼냈다. 이번에는 청년이 나를 배려하는지, 그림 그리는 동안 나에게 말 한마디 붙이지 않았다. 정적이 그림에도 흘렀다.

비

비는 모든 관광의 적이라지만, 날씨가
도와주지 않는다고 낙담하거나 무료해
하지 말자. 한 줄 한 줄 비를 그리다 보면
원치 않아도 어느새 그쳐 있을 것이다.

에콰도르의 온천 마을 바뇨스Baños에 위치한 퉁구라우아Tungurahua 활화산. 비구름 때문에 그렇게 보고 싶던 전경을 끝내 보지 못해 그림을 그려 아쉬움을 달랬다.

VOLCAN TUNGURAHUA. 5.016m

Baños

1.800m

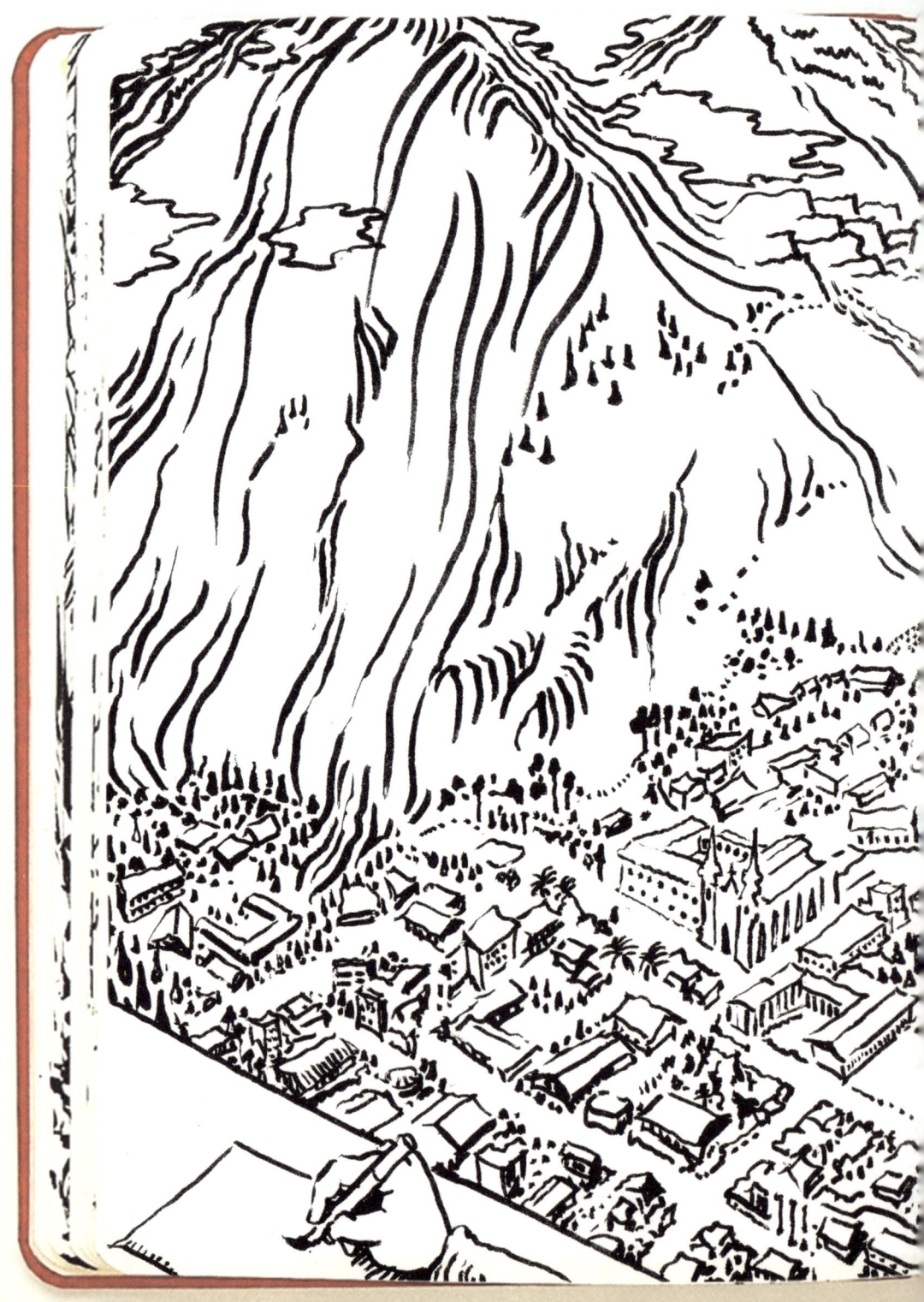

kingdom by
lived with

기다림의 시

대학 영어 수업이었다. 교수가 첫 시간에 내걸었다. 학기 동안 영시를 한 수 외우는 학생이 있다면 '특별 대우'를 해 주겠다고. (교수는 특별 대우의 자세한 내용은 밝히지 않았다.) 평소 웬만하면 동기 부여가 잘 안 되는 학생이던 내가 웬일인지 그 말에 솔깃해져 즉각 실천에 옮기기로 했다. 교재에서 외울 만한 시를 찾아보니 에드거 앨런 포 Edgar Allan Poe 의 「애너벨 리 Annabel Lee」가 만만해 보였다. 뭘 잘 못 외우는 머리의 소유자라 남들의 두세 배가 넘는 시간과 노력을 필요로 했지만, 어쨌든 학기 말에 겨우 한 수 외우는 데 성공했다. 그런데 종강이 가까워 오는데도 교수는 시에 대해서 일언반구 언급이 없었다. 결국 마지막 날 수업이 끝나고 따로 찾아가 멋쩍게 물어보니 도리어 교수가 놀라면서, '완전히 까먹고 있었다'는 것! 시험 공부는 대충하고 시만 외운 멍청이는 물론 나뿐이었고, 특별 대우 따위는 없었다. 그러나 그런 억울한 사연을 딛고 내 머릿속에 안착한 그 시가 나중에 요긴하게 쓰였다. 초조하거나 애가 탈 때, 가령 런던 히드로 Heathrow 공항에서 부모님을 기다리며 마음이 불안해지려 할 때 그 시를 암송한다. 그러면 시간이 조금은 관대하게 흐르는 게 느껴진다. 시간에게 특별 대우를 받는 셈. 이제는 그 교수를 용서할까 생각 중이다.

징글징글한 정글 가는 길

페루 중부에는 타라포토Tarapoto라고 하는, 관광객이라면 여간해서는 갈 일이 없는 정글 마을이 있다. 친한 친구 안토니오Antonio가 도시의 직장을 그만두고, 얼마 전 이곳에 정착했다고 해서 방문도 할 겸 정글도 구경할 겸 타라포토행 버스표를 끊었다. 페루는 여름만 되면 길거리에서 아이들이 행인에게 물풍선을 마구 던지며 노는 괴상한 풍습이 있는데, 더운 셀바 지역은 물 폭탄 놀이가 더욱 기승을 부린다고 해서 잠시 꺼려졌지만, 이미 버스에 몸을 실은 상태였다.

사막과 모래바람을 가르며 버스는 달리고 또 달렸다. 좌석은 달라진 게 없는데 몸과 마음이 점점 불편해지고 있었다. 한국이나 남미나 항상 창문을 좀 시원하게 열어 놓을라치면, 뒤에서 머리카락 날린다고 닫아 달라는 여자들이 있다. 그래도 차츰 시골 풍경이 펼쳐지고, 말이랑 돼지도 보이고 바람도 맞으니 돌연 '이런 게 삶이지!' 하는 산뜻한 기분이 나를 지배했다. 여행 흥이 일기 시작한 거다. 버스는 기분이 좋아진 나를 두어 시간 흔들어 곤히 잠재웠다.

문득 일어나 보니, 여전히 주위는 모래 평야…… 아직 3분의 1도 못 왔구나. 정말 넓은 페루 땅이다. 더 이상 잠이 오지 않아 꼬리에 꼬리를 무는 공상을 하다가, 힐끔 옆 좌석의 여인과 시끄럽게 울어 대는 그녀의 딸들을 본다. 난 절대 애를 안 가져야지, 절대 결혼 안 해야지, 이 정도 수준의 생각이나 하며 한편으론 우리 부모님은 얼마나 고생했을까 하는 생각에 피식 웃기도 하면서, 그렇게 또 몇 시간이 흘렀다.

오른쪽 좌석에는 닭이 타고 있다. 다행히 깃털을 푸드득 날리지 않고 얌전하다. 앞 좌석엔 작달막한 두 남자가 다리를 쭉 펴고 앉아 쉼 없이 수다를 떤다. 시끄럽지만 웃어 넘길 수밖에. 버스 여행에서 가장 피하고 싶은 것은 장 클로드 반담Jean-Claude Van Damme 류의 액션 영화 상영 시간이다. 여기까지 와서 할리우드 영화 따위를 봐야 하다니! 산뜻했던 기분이 상할 무렵, 바깥 풍경이 변했다는 걸 깨닫는다. 주위가 어 둑해 사물을 구별할 순 없지만, 공기가 완연히 차가워졌고 피어나는 안개 뒤로 큼지 막한 산들이 보인다. 고산 지대에 다다른 것이다. 페루라는 커다란 땅덩어리는 남한 의 12배가량 된다. 해안 지대, 고산 지대, 정글 지대로 크게 나뉘어 있어 각각 코스타 Costa, 시에라Sierra, 셀바Selva라고 부른다. 시에라에 다다른 것이다. 이곳 경제학자들 은 지형의 다양성이 고른 분배와 성장에 장애가 되었다고 말하지만, 관광객에겐 지 역마다 분명한 식생의 차이가 커다란 매력이다.

좁은 산길을 따라 계곡이 굽이치고 인적도 드물어 깊은 산중에 우리의 49인승 버 스만이 홀로 달리는 듯했다. 어릴 적부터 산을 보면 그 속에 우글거릴 동물들이 궁 금했다. 여긴 어떤 동물들이 있을까? 아르마딜로armadillo들이 이제쯤 똬리를 풀고 굴 에서 기어나와 유충들을 사냥하고 있겠지? 오실롯ocelot은 아르마딜로의 단단한 갑 옷을 뚫고 사냥하는 법을 알고 있을까? 저기 반짝이는 건 재규어jaguar의 눈이 빛에 반사된 건 아닐까?

갑자기 차가 선다. 화장실 가는 시간이다. 승객들은 대부분 그대로 잠들어 있다. 난 일단 내리고 본다. 경험을 통해 알고 있다. 이때를 놓치면 안 된다는 걸. 나중엔 사정을 해도 다시 세워 주지 않는다. 공기가 맑다. 기지개를 켠다. 밤차 휴게소 풍경 은 소박하다. 우리처럼 휴게 시설이 있는 건 아니고, 노점상 몇 개뿐 화장실도 딱히 없어 대부분 노상 방뇨를 한다. 나도 덩달아……

곧 버스가 시동을 건다. 안내 방송도 없으니 여행자 스스로 정신을 바짝 차리지 않으면 안 된다. 남미는 이게 좋다. 아무도 챙겨 주지 않기에 사람이 능동적으로 변한다. 다시 출발. 자꾸 시간을 확인하면 조바심이 날까 봐 애써 시계를 외면하지만 밤이 깊어 가는 걸 느낀다. 그렇게도 오지 않을 것 같던 졸음의 냄새를 맡는다. 조금 후엔 잠들 것이다. 한 명 한 명 가족들을 머릿속에 그려 본다. 느닷없이, 마음을 두었다는 사실을 인정하고 싶지 않은 여인들이 불쑥 떠오른다. 마치 마음에 안 드는 유행가가 도리어 입에 착 달라붙어 무의식적으로 흥얼거리게 되듯. 그렇게 몇몇 인물들이 기억의 극장에 등장했다가, 몇 마디 대사를 날리고는 무대 밖으로 사라진다.

어둑한 바위 덩어리들, 스케일을 감당하기 힘든 산들과 나무들을 내가 조용히 바라보고 있는 사이 머리맡 화면에선 아직도 반담이 몇몇 경찰들에게 쫓기고 때론 쫓으며 때리고 맞고 있다. 아, 그러고 보니 이제 반담이 아니라 다른 배우구나. 모르는 사이에 영화가 끝나 새 영화로 바꾼 모양이다. 최소한 반 시간은 이어질 이 영상 고문을 또 어떻게 견딜 것인가 고민하는 사이, 고맙게도 잠의 기습을 받았다.

눈을 뜨자 주위가 환하다. 야자수들이 듬성듬성 보이고, 쌀농사 짓는 논들이 보인다. 아침 6시 반이다. 거의 도착했구나. 사막에서, 바위산에서, 고산 지대로, 안개 숲으로, 그리고 열대 정글로. 아직 새벽이라 후끈할 정도의 더위는 없다. 마음의 준비도 다 했는데. 뒤를 돌아보니 승객들은 모두 잠들어 있다. 앞 좌석 일행도 수다에 지쳤는지 잠들었다. 무려 14시간을 달렸다. 중간에 한 번 내린 5분간 휴식 시간을 빼면 꼬박 13시간 55분을 쉼 없이 달린 것이다. 물론 아직 도착을 한 건 아니다.

CALVINO처럼 관찰하기

italo calvino

이탈로 칼비노의 소설 MR. Palomar 는
관찰의 대가이다. 그는 바다를 볼때 파도의물결을
보기않는다. 단 한개의 파도만을 뜯어져라 관찰한다.

고생고생해 가며

난 참 여행에 맞지 않는 사람이다. 집에 가만히 있기를 좋아하고 소음과 먼지에 민감하고 잠을 쉽게 이루지 못 하며 아무거나 잘 먹지도 못하고 목이 자주 마르고 그래서 화장실에도 자주 가고 키가 커서 침대나 좌석도 항상 비좁고 불편하다. 그러나 자의 반 타의 반 늘 어딘가를 또다시 떠돌고 있는 나를 발견한다. 여행은 내 인생에 주어진 수행인가?

아프리안 아니라는...
죽어,...

HUARAZ - VAQUERIA

불면

때로는 상대방의 말을 축소해서 듣는 바람에 후회할 일이 발생한다. 인생은 소설을 닮았다. 노련한 소설가가 배치해 둔 복선처럼, 흘려들은 말이 나중에 고스란히 돌아와 적지 않은 영향을 미치곤 한다. 페루의 산악 지대 우아라스에서 야영 준비를 할 때도, 가이드가 분명히 언급을 했었다. 텐트가 좀 작아서 불편할지 모르니 비용을 조금 들여서라도 다른 텐트를 구하는 게 낫지 않겠느냐고. 문제는 내가 그 말을 대수롭지 않게 받아치며, 좁으면 구겨 자면 그뿐이라며 괜한 너스레를 떤 것이다. 야영을 많이 안 해 본 사람의 허세였다.

오랜 시간 동안 힘들게 걷고 나면, 두 다리 펴고 편한 자세로 잠을 자면서 밤새 몸의 피로를 풀고 원기를 회복하는 게 필수적이다. 게다가 다음 날 또 강행군을 해야하는 일정이라면 더더욱. 그런데 막상 야영장에서 펼친 좁은 텐트에서는 도저히 나의 몸을 펼칠 수 있는 각도가 나오지 않았다. 밤새 나의 어리석음을 후회했다. 잘 알지도 못하면서 가이드의 말을 무시하지 않으리, 다시는!

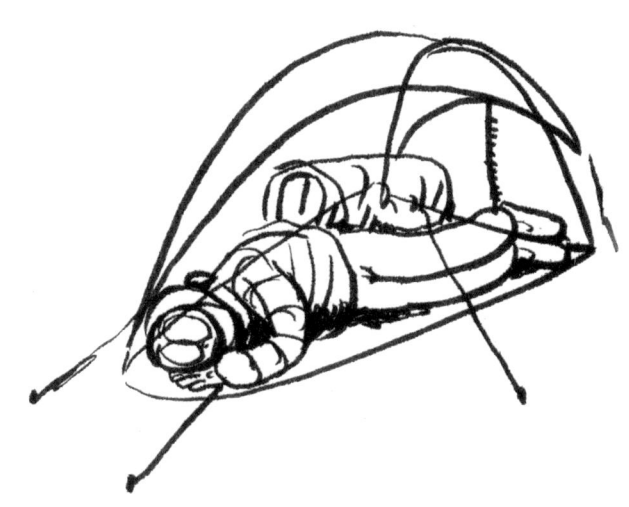

험로

단일 폭포로 치면 세계에서 두 번째로 길다는 페루의 곡타 Gocta 폭포. 고대 유적들이 속속 발견되면서 새롭게 각광받는 안 개 도시 차차포야스Chachapoyas에서 멀지 않은 곳에 폭포는 위치한 다. 이렇게 긴 폭포는 처음이지만, 큰 폭포는 몇 번 가 본 터라 너무 만만하게 생각했나 보다. 차를 타고 폭포가 잘 보이는 전망대 근처에 주차를 하고 커피나 한 잔 마시면서 느긋하게 구경하는 관광 코스를 상상했던 것이다. 그러나 이곳은 숙소에서 차로 약 2시간을 달리고(비 포장도로 포함.) 거기서부터 차가 더 이상 진입할 수 없는 험한 산길을 도 보로 한참, 또는 말을 타고 1시간 이상 더 들어가야 볼 수 있는 폭포였다. 이 험준함 때문에 폭포가 처음 발견된 것도 비교적 최근, 1970년대 일이었단다. 물론 우리는 말을 타기로 했다. 이 고산 지대에서 고도 적응도 제대로 안 된 상태로 산을 오를 엄두가 나지 않았다. 그런데 곧 후회가 밀려왔다. 평지라면 그나마 괜찮았겠지 만, 울퉁불퉁한 길과 가파른 내리막, 익숙하지 않은 안장 때문인지 엉덩이가 너무 아 팠다. 나중에 돌아오는 길에는 말에서 내려 걸어왔을 정도였는데, 땅에 발을 딛은 순 간에는 하체에 감각이 없었다. 조금이라도 편한 길을 택하려다가 벌을 받은 것인가 싶었다. 폭포는 대단히 아름답고 인상적이었지만, 엉덩이에 멍이 들어 두고두고 고 생을 했다. 역시 가장 힘든 고통은 누구에게 호소하기 민망한 부위가 아픈 것이다.

무모함

「세계 테마 기행」의 에콰도르 편을 연출한, 나와 동행한 피디는 바뇨스라는 관광 도시가 방송인에겐 천국 같은 동네라고 했다. 활화산이나 폭포 같은 천혜의 자연환경은 물론이고, 자연재해에 얽힌 도시의 역사와 풍부한 먹을거리, 그리고 다양한 레저 스포츠 등 즐길 거리들이 작은 곳에 잘 집약되어 있다는 평. 덕분에 이런 '즐길 거리'들을 평소에 전혀 즐기지 않는 나까지 경험하게 되었다. 혼자 갔다면 절대 쳐다보지도 않았을 '계곡 이동'도 그중 하나였다. 폭포가 흐르는 계곡 사이를 줄 하나에 의지해서 이동하는 일종의 놀이였는데, 안전 장치도 믿음직하지 않아 구경하는 내내 불안했다. 그런데 이걸 내가 직접 타야 하는 상황이 온 것은 물론, 근접 촬영(나의 표정을 찍기 위해!)을 위해 누군가 한 명이 더 타야 했다. 한 번에 두 명의 무게를 버틴 적은 없다고 담당 직원들이 처음엔 정색을 했다. 무게가 무거우면 폭포 중간에서 그냥 멈춰 버릴 수도 있다는 것이다. 정 원한다면 '처음으로' 시도해 볼 순 있지만, 아무도 책임질 순 없는 일이었다. 결과적으로 한국인 세 명 이상이 모이면 발휘된다는 특유의 무데뽀 정신으로 일을 치렀고 다행히 아무 탈 없이 계곡을 건너는 데 성공했지만, 지금도 잘한 짓이었는지는 모르겠다. 안방에서 TV로 보는 사람들은 재밌었을 것이다. 아무튼 우리는 계곡 트롤리 사상 처음으로 두 명이서 이동하는 곡예를 부렸다. 절대로 따라하지 말 것, 불미스러운 일로 뉴스에 나고 싶지 않으면.

BAÑOS

CAÑON DEL PATO Y MÁS ALLÁ.

오리 계곡

싫어하는 사람이 있다면 오리 계곡으로 유인하라! 그 계곡을 빠져나오면서 생각해 낸 문장이다. 적어도 내가 아는 한에서 세상 어디에도 오리 계곡Cañón del Pato만큼 위험천만한 곳은 없다. 페루 중부 우아라스에서 해변 도시 침보테Chimbote로 가는 잘 닦인 아스팔트 도로가 운송 회사들의 전면 파업으로 통제되는 바람에, 방송 일정상 마냥 기다릴 수 없었던 우리 일행이 택한 오리 계곡. 안데스 산맥을 말 그대로 관통하는 일반적이지 않은 루트였다. 차편을 구할 수도 없어 비싼 돈을 내고 따로 개인 차와 운전사를 고용해야 했다. 말만 도로이고, 이름만 귀엽지 제대로 된 길도 아니었고, 아무것도 귀엽지 않았다. 나중에 현지 사람들 말을 들어 보니 과거 안데스 고산 지대에 출몰했던 테러리스트 집단들이 주요 은거지로 삼았을 만큼 인적이 드물고 산세가 험준한 곳이었다. 깎아지르다 못해 손만 갖다 대도 와르르 무너질 것같이 아슬아슬하게 박혀 있는 암석들 아래 좁다랗게 나 있는 비포장 길을, 엄청난 흙먼지 바람을 뒤집어써 가며 몇 시간을 달렸는지 모른다. 피로가 누적돼 삭신이 쑤시고 졸음이 쏟아지는 상황에서 출발했는데도 가는 내내 단 1분도 졸지 않을 만큼 긴장되었다. 누구라도 그런 풍경을 보고 있으면 쉽게 잠이 오질 않을 것이다. 마음 같아선 타조처럼 눈을 질끈 감아 버리고 싶었지만, 운전사 옆자리에 앉게 된 나는 그가 혹시라도 졸음 운전을 하지 않도록 정신 바짝 차리고 이따금 말을 걸어 줘야 했다.

팔에 힘을 얼마나 주었는지 나중에 나도 모르게 온몸이 뻐근할 정도였다. 별의별 생각이 다 들었다. 이렇게 도로 사정이 나쁜데 펑크라도 나면 어쩌지? 남미 차들은 대부분이 다른 나라에서 쓰다가 버린 중고차이고, 타이어도 중고나 재생 타이어라 펑크가 굉장히 자주 일어나긴 한다. 한 번 정도야 스페어 타이어로 때울 수 있지만, 두 번째 펑크가 난다면? 또 지금은 활동이 뜸하다고는 하나 극렬 테러리스트들에게 납치라도 당하면? 테러리스트들이 요새 돈 많은 동양인 관광객을 선호한다는데…… 나는 돈이 없지만, 인질극을 벌일 순 있다. 만약 게릴라들의 손에 죽으면 고국으로 시체 정도는 보내 줄까? 그렇게까지 극적인 상황은 오지 않더라도 운전사가 깜박 조는 사이에 핸들이 휘청해서 저 오른쪽 계곡으로 돌진하면, 모든 게 한 번에 끝나겠지. 긴 인생, 한순간이야……. 시도 때도 없이 사진 찍기를 좋아하던 피디도 지금은 그럴 분위기가 아니라고 생각했는지 뒷좌석에서 조용하다. 모두들 지치거나 긴장해서 말이 없다. 나만 억지로 운전사에게 졸음 방지용 대화를 시도하는 정도.

벌써 터널만 수십 개를 지났다. 다이너마이트로 산을 폭파해 터널을 만들긴 했으나, 버팀목이나 지지대 공사를 끝내긴커녕 아직 시작조차 하지 않아 마치 폭파시켜놓은 상태 그대로 같았다. 언제든지 낙석이 일어날 수 있는 상황이었고, 터널 속에는 조명도 없었다. 게다가 1차선 도로여서 긴 터널을 통과하다 마주 오는 차라도 있으면(이런 면에선 인적이 없는 게 그나마 다행이었지만) 그 길고 어두운 터널을 후진해 원점에서부터 다시 달려야 했다. (물론 그러다 다시 차를 만날 수도 있다!) 이토록 많은 악재들을 뚫고 장장 10시간을 휴식 한 번 없이 달렸다.

돌연 돌 산들이 검은색으로 변해 있음을 깨닫는다. 저 멀리, 새까만 물체들이 움직이고 있다. 사람이다. 사람이 사는구나, 이렇게 외진 곳에! 그런데 사람들의 피부가 유난히 까맣다. 가까이서 보니 광부들이 석탄가루를 뒤집어쓴 채 축구를 하고 있다. 이 와중에 축구라니! 하긴, 그들에게는 그냥 일터이고 일상적인 삶의 현장일 뿐인데 나 혼자 어지간히 호들갑을 떨었군. 부끄러움이 힘든 마음을 무색하게 만든다. 어쨌든 오리 계곡에 대해서는 여기까지. 더 이야기해 봤자 더 부끄러워질 뿐이니.

고산병

남미에는 해발 2000미터가 넘는 관광지가 부지기수라 고산병에 주의해야 한다. 산소가 희박해 두통, 어지럼증, 구토 증세가 나타날 수 있다. 특히 밤에 누워서 잠을 청할 때, 가슴을 묵직하게 짓누르는 듯한 압력이 느껴지면 휴식을 취하기도 어렵다. 무리하지 않고 천천히 움직이며 현지 숙소들에서 무료로 제공하는 마테 mate de coca 차를 자주 마시면 어지간해서 이틀 안에 적응을 한다. 고산 지대가 제법 익숙한 유경험자에게도 볼리비아의 라파스 La Paz는 만만치 않다. 세계에서 가장 높은 도시로 공항이 해발 4060미터에 이른다. 웬만해선 비행기를 타고 가지 말고 페루의 쿠스코(약 3400미터)에서 묵으며 고도 적응을 한 후 버스를 타고 국경을 넘어가는 길을 추천한다. 적어도 고산병에는 완벽한 해결책이 있어서 다행이다. 너무 힘들면 내려가면 그뿐.

착륙시 귀 통증

어릴 적부터 형제들 중에 유독 나만, 비행기를 타면 착륙할 때 압력 때문에 귀가 아팠다. 지금은 훨씬 덜하지만, 비행기 기체가 작을 때나 피로 때문에 몸 상태가 나쁠 때면 어김없이 이 증상이 나타난다. 그래서 착륙 2시간 전쯤이면 벌써부터 긴장돼 열심히 코를 쥐고 코 푸는 식으로 귓속 압력을 높이느라 바쁘다. 언제 엄습할지 모르는 고통을 기다리며 대비하는 일은 마치 고문 시간을 기다리는 것과 같다. 물론 과장을 보태자면 말이다. 힘든 여정을 모두 소화하고 돌아가는 길에 이런 마지막 관문이 늘 나를 기다리는 것은 절대 유쾌한 일이 아니지만, 반대로 아무 일 없이 무사히 착륙할 때의 안도감은 남들의 배 이상이다. 고통이 상당하면 도저히 그림 따위 그릴 생각도 안 나지만, 경미한 고통은 그림을 그리면서 조금 이완되기도 한다. 당연한 얘기겠지만, 정말로 고통스러운 순간은 실시간으로 기록될 수 없는 법이다.

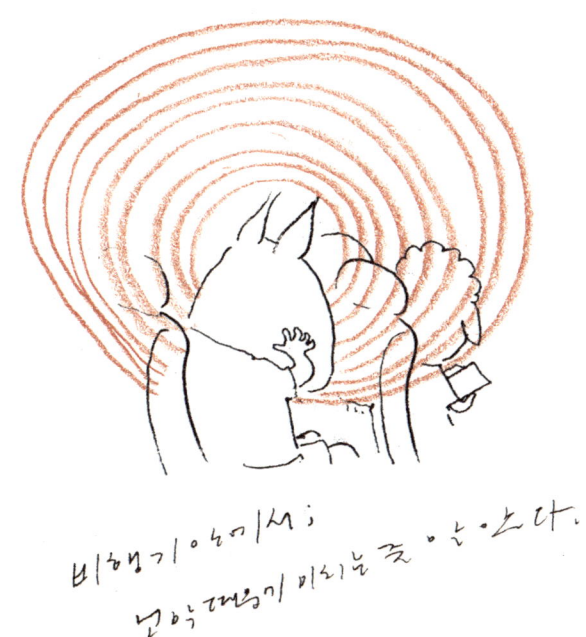

비행기 안에서,
난 아직 때가 미쳤는줄 안다.

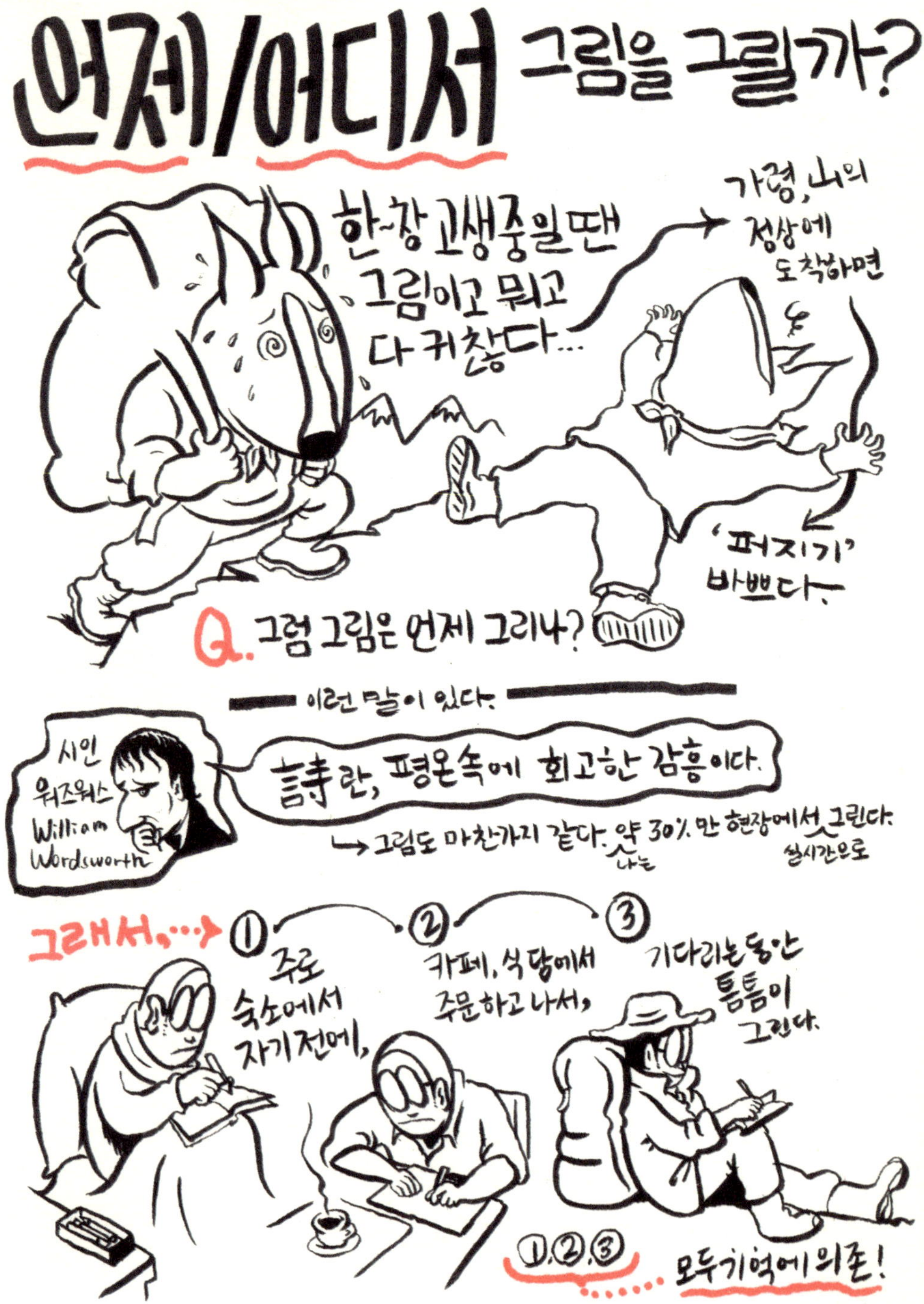

언제/어디서 그림을 그릴까?

한창 고생중일땐
그림이고 뭐고
다 귀찮다...

가령, 山의
정상에
도착하면

'퍼지기'
바쁘다.

Q. 그럼 그림은 언제 그리나?

──── 이런 말이 있다. ────

시인
워즈워스
William
Wordsworth

詩란, 평온속에 회고한 감흥이다.

→ 그림도 마찬가지 같다. 약 30%만 현장에서 그린다.
나는   실시간으로

그래서...→

① 주로
숙소에서
자기 전에,

② 카페, 식당에서
주문하고 나서,

③ 기다리는동안
틈틈이
그린다.

①②③ ...모두 기억에 의존!

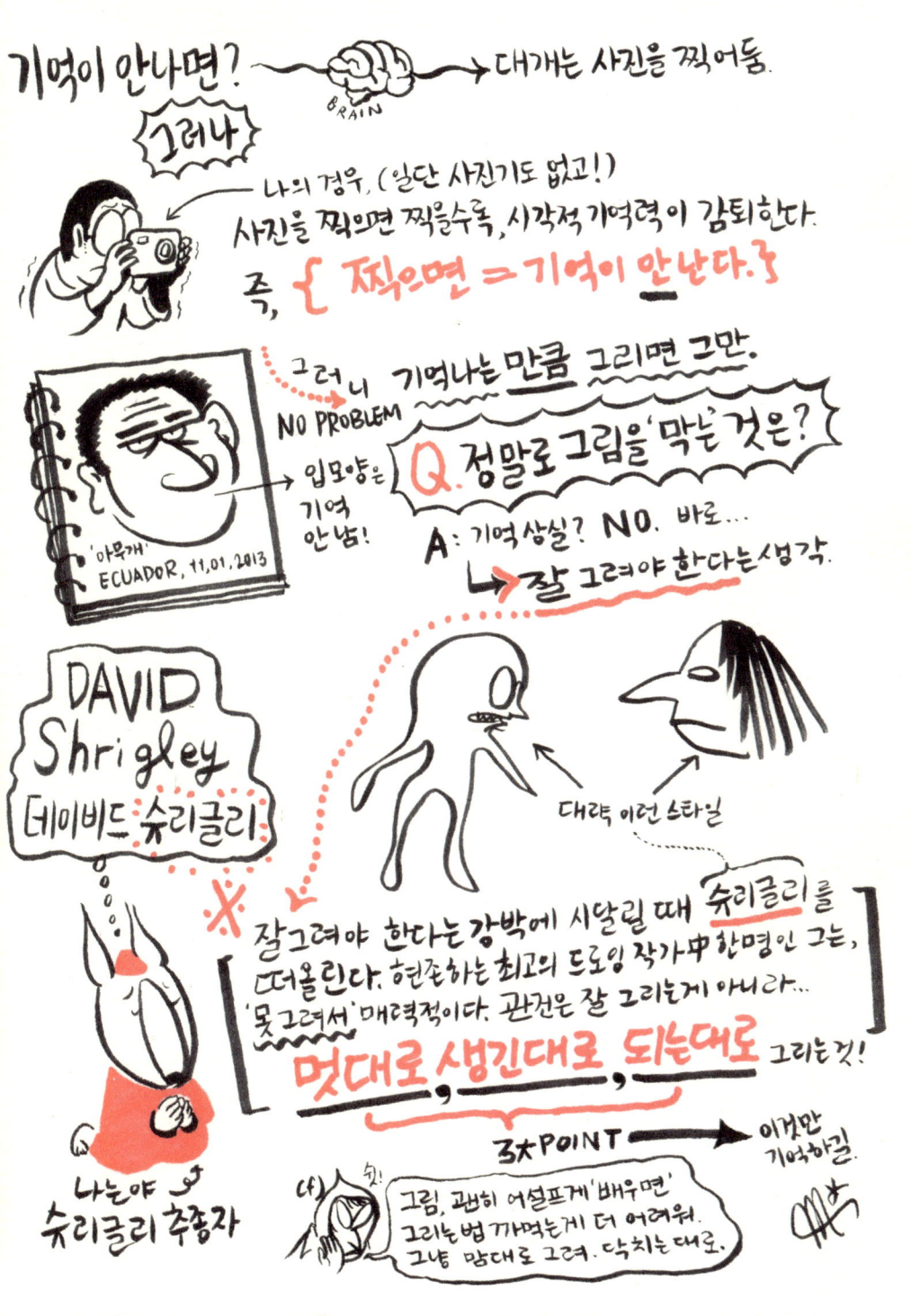

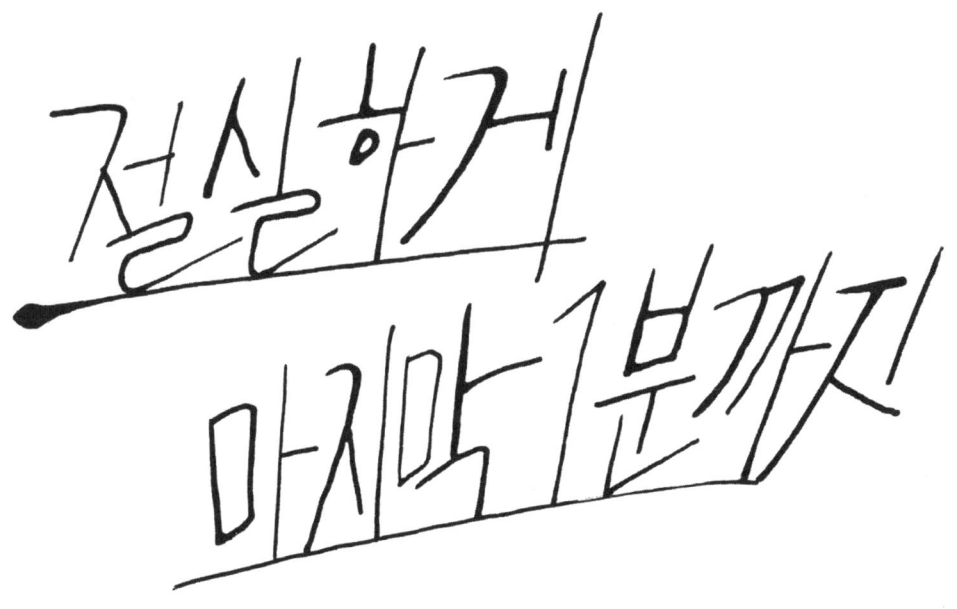

절실함의 의미를 모르겠다면? 소중한 것이 당장 사라진다고 상상해 보라. 여행에선 그 상상이 쉽다. 만나는 사람, 딛고 선 곳, 보고 있는 풍경…… 모두 두 번 다시 못 볼 확률이 높으니. 마지막으로, 내게 절실함을 일깨워 준 다섯 스승들의 이야기다.

고흐

　꿈이 있는 사람은 많다. 부자가 되고, 유명해지고, 명성을 누리려는 꿈, 원하는 자리를 차지하려는 집요하고 끈질긴 노력. 그러나 그런 것들은 나에게 감동을 주지 못한다. 아주 드물게 그런 꿈과 다른, 사리사욕이나 단순한 능력 증명과 무관한 가치를 절실히 추구한 사람들도 존재한다. 한 줌도 안 되는 그들은 비록 우리 곁을 떠났더라도 우리의 영혼을 흔들고, 우리로 하여금 그들의 발자취 근처를 서성이게 만든다.

　화가의 흔적을 따라 여행한 적이 딱 한 번 있다. 프랑스 시골 마을 오베르쉬르우아즈Auvers-sur-Oise에 있는 빈센트 반 고흐Vincent van Gogh의 집을 보러 갔다. 고흐를 좋아한다고 하면 요새 작가로서는 그다지 세련되지 못한 취향이라고 여겨질지도 모른다. 고흐는 대중들이 가장 좋아하는 화가 중 한 명이지만, 전문가들(직업 예술가나 비평가) 사이에서는 별로 회자되지 않는다. 그럼에도 나는 아직도 고흐가 가장 좋다. 아쉬운 점이 있다면 그가 지나치게 유명하기만 할 뿐 제대로 이해받지 못한다는 점, 아니 그 이해가 현재에 별다른 영향을 끼치고 있지 못하다는 점이다. 나는 그의 예술 세계보다 그것과 분리되지 않았던 삶에 더 끌린다. 사람들은 자연스레 그의 그림에 이끌려 삶을 알게 되고, 삶에 이끌려 그의 생가에까지 이른다. 고흐의 생가를 방문하는 일은 그래서 관광 코스라기보다 성지 순례에 가깝다. 그가 사람을 움직이는 힘은 단순하다. 강함, 부러지기 쉬움, 타협하지 않음, 정직함, 순수함. 화가가 지녀야 할 덕목들이다.

nd Van Gogh,
w hen you feel hard

대부분의 사람들은 세상으로부터 인정받지 못해 좌절감을 느낀다. 그것은 나약해서가 아니다. 세상의 인정은 사람에게 정서적, 경제적 생존을 보장해 주는 사회적 장치이기에 개인의 운명에 필수적이다. 그러나 세상은 정직하고 진지하게 삶에 임하려는 사람을 쉬이 인정해 주지 않는다. 매몰차게 대하는 것은 물론 전혀 엉뚱한, 심지어는 자격 미달의 사람을 전폭적으로 인정해 주는 방식으로 좌절한 자에게 더 혹독한 시련을 안긴다. 극히 일부를 제외한 대부분의 작가들 또는 작가가 아니더라도 자기 세계를 힘겹게 추구하는 사람들이라면 어렵지 않게 고흐에게 자신을 투영할 수 있다. 깊은 고통 속에서도 맑고 힘찬 영혼을 화폭에 남길 수 있었던 그의 에너지를 한번 보고 잊을 수 없으리라. 그러나 우리가 아무리 그에게 감명받고, 아무리 멀리서 그의 무덤을 찾아와 사진 찍어 블로깅을 하더라도 그에게 돌아가는 건 아무것도 없다. 우리가 그에게 진 감동의 빚을 조금이라도 갚을 길이 있다면, 그것은 그를 이름 높여 칭송하는 일도 아니고, 단순히 그를 '롤모델' 삼아 힘을 내는 것도 아니리라. 지금도 세상과 쉽사리 타협해 안주하는 길을 택하지 않고 좀 더 높은 가치를 추구하고자 절실히 애쓰는 무명의 인간을 발견하려 애쓰는 것, 그래서 제2의 고흐가 탄생하지 않도록 눈 부릅뜨고 찾는 것, 만약 찾는다면 작은 도움이라도 주려고 애쓰는 것이리라. 고흐는 아련한 추억 속의 낭만적 예술가상이 아니다. 그는 시리도록 아픈 교훈이다. 되풀이되서는 안 되는 사고事故이다.

하밀

 6월의 어느 날 저녁, 틴쿠 축제 전야제로 한껏 들뜬 볼리비아 시골 동네 마차에서 한 소년을 발견한다. 웬일인지 또래 아이들과 달리 그는 축제 복장도 갖추지 않고, 축제 행렬에 끼지도 못해 주변만 맴돌고 있다. 왜 사람들이 그를 받아 주지 않는지, 너는 저리 좀 가 있으라며 매몰차게 쫓아내는지 나도 그도 알 수 없다. 나는 번잡한 축제의 소용돌이 속에서 오로지 이 소년만 주시한다. 결국 그는 울음을 터뜨렸으나, 그 울음조차 흥겨운 노랫가락에 묻혀 버린다. 동네 사람들에게 물어본다. 저 아이는 가족이 없느냐? 있을 거라고 한다. 다른 사람에게 묻는다. 왜 저 아이만 평상복을 입고 있느냐? 싸늘한 대답이 돌아온다. 돈이 없으니까, 라고. 축제 복장도 그럴듯하게 갖추려면 부모가 상당한 신경을 써 주어야 한단다. 대화가 끊긴다. 나와 수다를 떨 만큼 한가한 사람은 없다.

 이방인인 내가 해 줄 수 있는 건 없을까? 값싼 동정을 하고 싶진 않다. 그가 구걸을 한 것도 아니니 더더욱. 그래, 그림을 그려 주자. 나는 한편으로 사람들의 무리 속에서 그를 놓치지 않으려고 노력하면서, 한편으론 종이를 꺼내 그의 얼굴을 그리려고 했으나 조명이 없어 눈앞도 잘 보이지 않아 애를 먹었다. 그런데 심장이 왜 이리 떨리는 건지, 몇 번이나 그림을 망쳐 버렸다, 시간도 촉박한데! 흡족하진 않지만 타이밍을 놓칠까 서둘러서 그림을 완성하고 그에게 접근하는데 마치 짝사랑에게 고백하러 갈 때처럼, 아니 그 이상으로 가슴이 쿵쾅거린다. 제발 낯선 사람이 접근한다고 도망가 버리진 말기를. 난 그저 너에게 작은 위로가 될까 해서 선물을 주려는 것뿐이니까. 천만다행으로 소년은 거부하지 않았다. 그저 나를 멍하니 쳐다보고는 그림을 손에 쥔 채, 다른 손으로 콧물을 훔치며 다시 행렬을 쫓아갔다. 그림으로 콧물을 닦지 않아서 진심으로 고마웠다. 시야에서 완전히 사라지려는데 퍼뜩 중요한 질문이 떠올라 아이에게 달려갔다. 이름을 물었다. 아이의 이름은 하밀Jamil이었다.

누나

누군가에게 '남는 건 사진뿐'이라지만, 내겐 사진은 온데간데없고 사진을 찍고 있는 모습을 그린 그림만 남았다. 평소에 사진을 잘 안 찍는 데다가 연출된 사진이라면 더더욱 피하는 나이지만, 누나의 요구로 어쩔 수 없이 파리의 뱅센느 숲Bois de Vincennes에서 카메라를 들었다.

주문 한번 까다롭구나. 대체 잔뜩 의식하면서 달리는 모델을 무슨 수로 자연스럽게 찍어 내라는 건지! 결국 잘 찍히지도 않았고, 사진도 남아 있지 않지만, 어쩐지 파리 여행 하면 이 장면부터 떠오른다. "누나는 인생을 너무 즐기기만 한다."며 가끔 핀잔을 주긴 하지만, 난 작은 것도 놓치지 않으려는 그녀의 삶의 태도가 진심으로 부럽다.

바다

『새들은 페루에 가서 죽다』라는 신비로운 제목의 소설을 기억하는 이들은 내가 페루에서 살았다고 말하면 정말로 새들이 페루에 가서 죽는지 물어본다. 나는 정말로 그렇다고, 내가 살던 바닷가가 바로 새들이 죽어 가는 장소였다고 답한다. 지치고 수척한 새들을 사체인 줄 알고 호기심에 슬쩍 건드려 보는 건 외지인들이다. 주민들은 절대로 건드리지 않는다. 태평양을 건너 무슨 이유에선가 이곳에서 최후를 맞이하는 펠리컨들이 조용하고 경건하게 숨을 거두도록 배려하는 것이리라.

7년 만에 다시 찾은 리마. 여행은 끝났고, 오늘 저녁엔 서울행 비행기를 탄다. 해변가의 작은 식당 테라스에서 노을 지는 바다를 보며 혼자 생일을 맞는다. 나는 과연, 서울을 떠나기 전에 상상했던 그런 여행을 하고 돌아가는 걸까? 한 게 있고, 못 한 게 있다. 만난 사람이 있고, 재회에 실패한 사람이 있다. 7년이 지나는 동안 이 세상 사람이기를 그만둔 사람도 있다. 많은 일들이 있었고, 그 일 하나하나에 촘촘히 반응했다. 그림은 예상보다 덜 그렸지만 그리고 싶은 것은 많아졌다.

누군가는 그랬다. 바닷가에 살면 처음엔 좋을 것 같지만 곧 지루해지거나 우울해질 거라고. 나는 페루에서 2년 동안 바닷가에 살았지만 그렇지 않았다. 하루도 빠짐없이 감탄하고 매일같이 바다로부터 위로 받았다. 바다는 무언가에 지극히 성실할 수 있는 존재를 상상하게 해 주었다. 아무리 슬픈 소식도, 힘든 일과도 바다를 볼 때의 감흥을 지치게 하진 못했다. 처음 페루 땅을 밟았던 스물넷의 청년처럼 지금도 여전히 나는 바다 앞에서 쉽게 꿈에 부푼다.

이젠 떠날 시간이다. 리마 시내에서 공항으로 가는 길은 여러 가지지만, 일부러 택시 기사에게 해변 도로로 가 달라고 부탁한다. 바다 곁에 조금이라도 더 머물고 싶다. 떠나는 길엔 달라붙은 상념들을 끊어 내야 하지만, 마지막 1분까지 끈적끈적하게 떨어지지지 않으려는 기억의 실타래들을 억지로 잘라 내기란 정말이지 할 짓이 못 된다. 언제 여길 다시 오겠는가, 이 먼 곳을. 그러나 갑자기 차량이 많아지며 길이 막히자, 혹시나 비행기를 놓쳐 떠나지 못하면 어쩌나 불안해진다. 참 간사하다. 남아 있고 싶으면서도 막상 남게 되는 상황이 벌어질 것 같으면 서둘러 떠나려는 심리. 이래서 그리스 신화 속 신들은 인간이 부럽다고 했다지. 인간은 불멸하지 않는 존재라서. 끝이 있는 존재라서. 끝이 없으면 소중함도 없을 테니까.

마지막까지 음미하자, 복잡한 생각일랑 집어치우고.

아쉽게도 이번 여행에선 죽어 가는 펠리컨도, 멋진 저공 비행을 구사하는 펠리컨도 구경하지 못했다. 호젓한 백사장에 검은색 피부의 두 남녀가 가던 걸음을 멈추고 입을 맞춘다. 그 뒤로 흑갈색 말 한 마리가 지나간다. 그리고 그 반대 방향으로 재갈매기 다섯 마리가 날아간다. 그들에게 대신 작별 인사를 건넨다.

소년

　이 책을 바치고 싶은 두 번째 사람이 있다. 독일에서 만난 이름 모를 소년이다. 뉘른베르크에서 에스프레소가 맛있기로 유명한 카페 '디시모Dissimo'에서 친구를 기다리고 있었다. 한 소년이 눈에 띄었다. 탁자에 고개를 파묻고 열심히 그림을 그리고 있었다. 궁금했지만 훔쳐보기 힘들 정도로 상체를 바짝 숙이고 열중해 있었다. 옆방 라운지에 있던 엄마가 들어와 어서 가자고 아이를 불렀지만 아이는 미동도 하지 않았다. 이번엔 아빠가 들어와 재촉했다. 역시 꿈쩍도 안 했다. 나중에 부모가 합세해 그를 호출했지만, 아이는 뒤도 돌아보지 않고 계속해서 그림만 그리고 있었다. 아버지가 거의 완력으로 몸을 번쩍 들어 안고 가는 그 순간까지 소년은 연필을 놓지 않았다. 혼이 나면서도 게임기나 스마트폰을 안 뺏기려는 아이는 많이 봤지만, 뜯어말려도 안 될 정도로 그림을 그리는 아이라……. 뒤통수를 맞은 듯 얼떨떨한 기분으로 한참 동안 그 자리에 앉아 있었다.

나는 어떤 아이였나. 나도 저렇게 그림을 좋아했건만!

지금은 어떤 사람이 되어 있나? 일이 있을 때만 그리는 직업인이 돼 버린 건 아닐까? 좋아서 그린다기보다 일이니까 그리는. 물론 난 내 일이 좋다. 하지만 저 정도로 좋은가? 솔직히 지금은 아닌 것 같다. 같은 상황에서 누가 가자고 재촉하면 금방 접고 일어날 것이다. 남을 배려한다는 명목하에. 그럼 나는, 과연 '나'를 얼마나 배려했지? 이기적인 사람이 되자는 게 아니라 나에게 드물게 주어지는 영감의 순간들을 너무 자주 미루고 양보해 온 건 아닌가, 자문하는 말이다. 그 순간들이 마치 영원히 반복해서 주어질 것처럼 살진 않았나? 그래서 아무것에도 흠뻑 빠지지 못하고 그저 손쉬운 돈벌이나 오락거리에 낚여 사는 시시한 어른이 돼 버린 건 아닐까?

다행히 운명처럼 그 아이를 만났다. 2009년 12월에. 그날 저녁부터 집에 돌아와 한동안 놓고 있던 그림을 다시 그리기 시작했다. 누군가 그림을 처음으로 그려 보게 만드는 것, 또는 놓았던 그림을 다시 그리게 만드는 것. 그림 그리는 사람에게 그보다 보람 있는 영향력은 없으리라. 이 어린 화가는 자기도 모르게 내게 엄청난 선물을 안겨 주고 어디론가 끌려갔다. 내 인생의 전환점이 된 퍼포먼스를 눈앞에 펼쳐 주고 그렇게 홀연히.

영원히 다시 만날 수 없겠지만, 만난다 하더라도 알아볼 수 없겠지만 부디 그림을 놓지 말기를. 나도 그럴게. 그날 이후로 그린 모든 그림들은 너에게 빚지고 있어.

고맙다.

그림은
사랑과
기억을
다루는 기술이다.

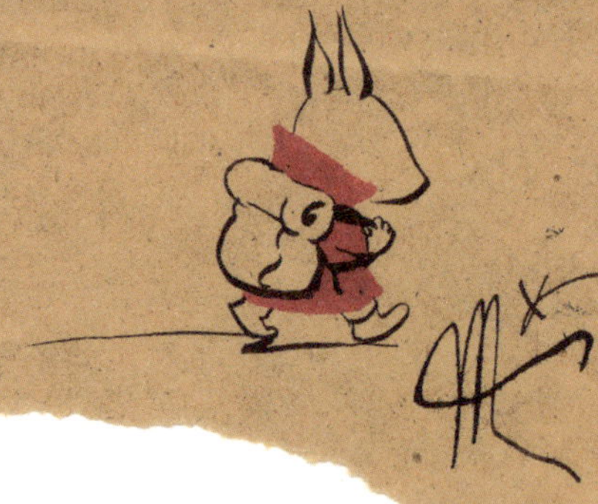

그림
여행을
권함

1판 1쇄 펴냄 2013년 5월 20일
1판 10쇄 펴냄 2021년 12월 8일

지은이   김한민
발행인   박근섭, 박상준
디자인   이수연
화첩사진   박정인
펴낸곳   **(주)민음사**

출판등록   1966. 5. 19. (제16-490호)
서울특별시 강남구 도산대로1길 62(신사동) 강남출판문화센터 5층 (우편번호 06027)
대표전화   02-515-2000   팩시밀리 02-515-2007
www.minumsa.com

ISBN 978-89-374-8736-1 13980

* 잘못 만들어진 책은 구입처에서 교환해 드립니다.

돌아오는 길. 서로 다른 생각.

나는 화장실, 형은 취침 중, 엄마는 집 생각.